U0262051

本书为以下基金项目的阶段性成果：

·江苏省社科基金项目“绿色发展理念在江苏的实践机制研究”（16MLC002）

·江苏省社科联项目“绿色发展理念在江苏的培育与践行”（16SYC-213）

·江苏省教育厅项目“绿色发展理念的价值建构与推进机制研究”（2016SJD710008）

·江南大学社科项目“生态学马克思主义的生态危机理论研究”（JUSRP11577）

资本逻辑论域下生态危机消解理路探究

A STUDY ON THE METHODOLOGY OF RESOLVING ECOLOGICAL CRISIS FROM THE PERSPECTIVE OF CAPITAL LOGIC DOMAIN

张乐　著

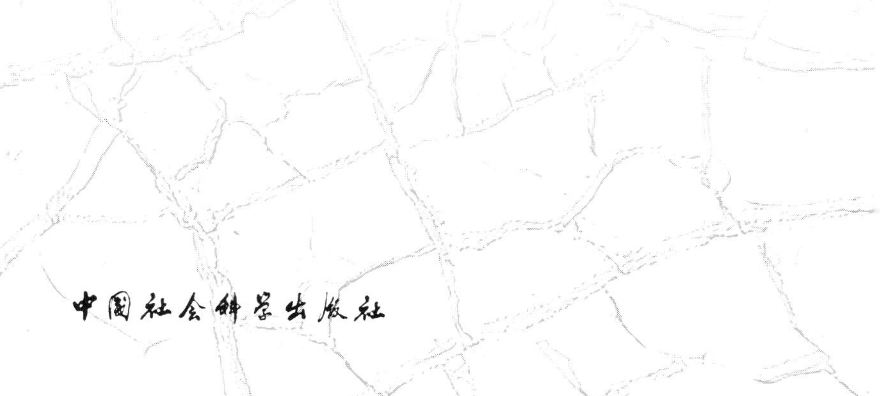

中国社会科学出版社

图书在版编目（CIP）数据

资本逻辑论域下生态危机消解理路探究/张乐著．—北京：中国社会科学出版社，2016.12

ISBN 978－7－5161－9571－0

Ⅰ．①资…　Ⅱ．①张…　Ⅲ．①生态平衡—研究　Ⅳ．①Q146

中国版本图书馆 CIP 数据核字（2016）第 323163 号

出 版 人　赵剑英
责任编辑　田　文
责任校对　李　妲
责任印制　王　超

出　　版　中国社会科学出版社
社　　址　北京鼓楼西大街甲 158 号
邮　　编　100720
网　　址　http://www.csspw.cn
发 行 部　010－84083685
门 市 部　010－84029450
经　　销　新华书店及其他书店

印　　刷　北京君升印刷有限公司
装　　订　廊坊市广阳区广增装订厂
版　　次　2016 年 12 月第 1 版
印　　次　2016 年 12 月第 1 次印刷

开　　本　710×1000　1/16
印　　张　12.5
字　　数　203 千字
定　　价　48.00 元

序

将生态环境危机的成因归结为资本的逻辑及其服务于或屈从于这种逻辑的社会制度，是生态马克思主义理论的基本立场。换言之，如果不接受这种一般性看法，他（她）就不是一个生态马克思主义者。但作为一种系统性理解，它还至少包括对如下两个具体性问题的回答，一是资本主义社会条件下的生态转型或重建为什么是不可能的，二是一种生态的或绿色的社会主义替代性选择为什么又是可能的。

对于前一个问题，詹姆斯·奥康纳、乔尔·科威尔、萨拉·萨卡等人的回答都是异常明确而干脆的，即资本主义社会条件下是断然不可能实现真正的可持续性的，甚至可以说，资本主义的可持续性只能作为一个主观臆想的概念存在，因为二者在现实中存在着本质性的冲突，就像是“圆的正方形”或“三角形的圆”。

但问题显然并非如此简单。詹姆斯·奥康纳在分析资本主义的“双重矛盾”时就已明确指出，社会生产关系上的矛盾（集中表现为消费能力不足）和社会生产与一般自然条件之间的矛盾（集中表现为供给能力不足），无论是在资本主义国家内部还是在资本主义的国际秩序内部，都存在可能的转移或置换。换言之，这两种矛盾并不直接或简单呈现为一种叠加关系，并立即导致或加剧资本主义制度的总危机。

维也纳大学的乌尔里希·布兰德教授基于对拉美国家环境政治的研究，进一步细化了上述观点。他的基本看法是，至少在像德国和奥地利这样的核心欧盟国家，一种绿色的资本主义或“生态资本主义”

正在成为现实——在维持较高物质生活水准的同时享受到较好的生态环境质量。也就是说，在他看来，资本主义的局部性或暂时性绿化是一种现实的可能。他对这一现象做出解释的核心性概念是“帝国式生活方式”。其大致意思是，发达资本主义国家中长期以来形成的奢靡性生产生活方式，虽然在本质上是生态不友好的或反生态的，但却依此造就了它们相对于广大发展中国家在国际贸易、劳动分工、资源获取、污染物排放转移等方面的优越性（或者说后者对前者的依赖地位）；更为重要的是，发展中国家中的社会精英已经有意无意地把这种主导发达资本主义国家的生产生活方式视为理所当然，或者作为自己的理想选择。更进一步说，伴随着 2008 年开始的西方国家经济危机而兴起的“绿色经济”或“绿色新政”，尽管也不过是资本主义危机管理或应对战略的一部分，但却已被成功地包装成为一种世界主流性或进步性话语与政策。布兰德分析的目的当然不是为生态资本主义或资本主义本身的政治合理性进行辩护，而是力图表明，资本主义制度下的社会关系和社会自然关系依然是一幅十分复杂的画面，过分简单的勾画和解读都无助于现实的资本主义抗拒与替代运动。

对于第二个问题，生态马克思主义阵营内部的歧见显然要更多一些。这既是由于他们对于资本主义生态批评的激进或彻底程度不同，也与他们对社会主义未来愿景及其变革路径的理解差异相关。

单就第二个层面而言，总的说来，詹姆斯·奥康纳、乔尔·科威尔等人所持的是一种更为传统的社会主义及其变革观点。比如，奥康纳不仅没有全盘否定苏联时期的社会主义旗帜下的制度革新尝试，而且一般性地肯定了（社会主义）国家在未来绿色变革（转型）过程中的重要作用。换言之，对他们来说，一种实质性重建后的社会主义国家和计划性经济仍是可以预期的或值得期望的。

相比之下，萨拉·萨卡在相当程度上接受了 1972 年罗马俱乐部报告《增长的极限》所提出的生态极限的观点。基于此，他认为，一方面，为了重建并维持人类社会与自然生态之间的平衡，包括人口减少和物质生活水平下降在内的主动收缩措施都是必需的——就此而言，未来社会主义社会（变革）中的进步将更多体现在社会责任而不是物质财富的分担或公正分配，另一方面，未来的生态的社会主义的核心性元素，是“绿色新人”的孕育成长，因而，如何造就一大批具有全新的环境道德的社会主义新人，将是绿色变革（转型）进程成败的关键。

上述讨论旨在表明，资本逻辑及其超越作为生态马克思主义的核心性议题，仍有进一步拓展与深化的必要，而当立足于我国社会主义现代化与生态文明建设的现实实践时就显得尤为突出甚或迫切。也就是说，我们不仅需要科学阐明资本主义社会条件下的生态危机（社会生态危机）的必然性，以及各种形式的生态（绿色）资本主义努力的局部性或有限性，而且要明确阐明当前的中国特色社会主义实践何以能够成为对资本主义制度及其生态（绿色）资本主义版本的全面替代——同时在目标与路径的意义上。也正因为如此，笔者认为，江南大学张乐博士的《资本逻辑论域下生态危机消解理路探究》一书，构成了一种大胆而富有理论成果的努力。全书分为五个部分，第1—2章分别阐述了生态危机的现实成因是“资本的逻辑”，以及它的基本意涵及其逆生态本质，第3章集中讨论了资本主义社会条件下生态修复的悖缪之处，认为生态资本主义至多是一种“创造性破坏”，在此基础上，第4章提出了消解生态危机的可能路径，强调全面理解意义上的“以人为本”才是正确的道路，第5章则重点分析了超越资本的逻辑过程中所必须处理好的几个突出问题。

笔者初步阅读的明确印象是，该书是对当代人类社会面临的生态环境危机或挑战的生态马克思主义视角下的系统理论分析，尤其是对“资本的逻辑”的意涵和生态文明建设的“以人为本”价值基础做了全面而独到的论述，而对于资本市场的阶段性合理性的肯定、所提出的通过以人为本驾驭资本逻辑、进一步阐发绿色发展理念的价值意蕴及其实践逻辑等结论性看法，也是非常值得肯定的。当然，书稿中也存在着或提出了一些需要深入探讨的问题，比如，如何理解资本市场的阶段性合理性与资本主义（局部性/暂时性）“绿化”的现实可能性，如何理解生态文明及其建设的超越性意涵（尤其是在制度构建层面上），如何理解中国特色社会主义实践与社会主义生态文明目标的理论统一性与现实差距（特别是对于转型动力机制的分析）等。

笔者已多次指出，生态马克思主义已经不再单纯是一个国外马克思主义流派，而是包括中国学者理性思考及其成果在内的一种世界性绿色左翼理论，并且将会随着我国生态文明建设实践的全面推进而有着更多的中国元素或色彩。因而，很高兴张乐博士的新著即将付梓出版，并欣然撰写以上鼓励性的话。是为序。

郇庆治

2016 年 11 月 16 日于北大燕园

目录

导言

一 选题缘起

晚近以降，随着全球化进程的逐渐深化，人类在享受经济高速增长红利的同时，却也开始面临气候变暖、环境污染、能源枯竭等严峻的生态困局。当前，生态阈限愈益逼近，危机征兆全面显露，已然成为生存发展的最大掣肘。就我国而言，环境破坏仍在不断加剧，自然资源呈现日趋紧张之态势：空气质量的持续转恶激起了公众对 $PM_{2.5}$ 与碳排放的广泛关注；水资源消耗与污染突出反映在城市用水的供需矛盾，太湖蓝藻集中爆发及渤海湾溢油事故所造成的生态灾难；垃圾围城状况绝非杞人忧天，汕头贵屿镇癌症村即是电子垃圾的重金属贻害所致的明证；涉及环保项目的群体冲突更时有发生，什邡与连云港邻避难题绝非孤例……如此严重的生态问题在世界各地也都屡见不鲜，无论就广度抑或深度来讲，皆称得上是一种全球性的危机。因此，我们若不能及早采取有效措施破解上述难题，蕾切尔·卡逊笔下那个满目疮痍、荒凉寂静的春天便极有可能成为恐怖的现实！综合治理改善生态问题已迫在眉睫、刻不容缓。

面对“资源约束趋紧、环境污染严重、生态系统退化”的严峻形势，党的十八大和十八届三中全会先后提出站在“五位一体”总体布局的战略高度“大力推进生态文明建设”和“加快生态文明制度建设”，“十三五”规划又首倡绿色发展理念做出积极回应。然而，时下纾解生态风险的主流方案并没能直抵问题的根梢，给出切实可行的应对良策：环境伦理学斥责“人类中心主义”价值观，希冀经由拓殖道德共同体范围，给予整个生态系以伦理关照的理路去矫正贬损自然的行为。但终因忽视造成生态危机的制度因素，择取避重就轻的道义清谈，而身陷乌托邦的实践困境；新马尔萨斯主义则关注人口繁衍与资源紧缺的冲突，企图通过展现指数型增长导致过冲的可怕结局来警醒世人。却因脱离具体历史情境孤立探讨自然极限，不加追问何种人口戕害地母盖娅，而把环保运动引入了歧途；另有学者宣称，问题的症结应划归到商品的无度消费，我们更应省思扭曲病态的丰盛社会。可消费欲始终受制于生产力，消费个体并非招致环境浩劫的罪魁祸首。若无法廓清资本积累、异化劳动同虚假需求的因果联系，便难以阻滞生态灾变；还有人断言猖獗的技术理性乃祛魅自然的元凶，主张否弃现代文明成果去实现生态自我修复。殊不知，科技本身交织着天使和魔鬼两股力量，只有深入考察承载它的生产关系与社会体制才能准确定位其生态后果。

由此可见，无论是申斥价值观念独断或婴儿出生数目，还是诘难不良消费习惯或技术应用失控，对消解生态风险充其量只保有减轻局部症候的效用。唯有转换批判主题，直指资本制度，才能达到杜弊清源的功效。而这正是马克思主义最为关注的理论场域。马克思主义作为时代精神的精华理当能够提供独特且深邃的生态学视野和时代话语权。因此，在其他环境思潮甚少触及的资本批判理论维度下开展生态危机成因探源及其消解路径研究，对于“不断开拓生产发展、生活富裕、生态良好的文明发展道路”，势必具有重要的理论启示与现实指导意义。

（1）理论价值：将生态危机的根源与消解放在马克思资本逻辑批判和当代社会发展的现实境遇中考察，无论是对于挖掘政治经济学批判的生态意蕴，回击马克思主义存在生态学空场的责难；还是深化资本拜物教和生态文明基础理论研究，开展经典著作与当代理论的积极对话；或是回应新自由主义对“市场决定论”的误读和曲解，思考如何应对资本的全球权力架构及其生态悖论，都彰显了马克思主义对当代生态问题的理论解释力与方法论启示。

（2）现实意义：将生态危机的根源与消解放在马克思资本逻辑批判和当代社会发展的现实境遇中考察，无论是对于辨识生态问题与社会制度的深层关联，认清资本主义发展新特征及全球生态危机实质；还是厘定资本积累方式与生态问题扩散的内在勾连，推动低碳环保、亲和自然的发展方式转型；或是探寻生态文明与市场经济的契合进路，研判在经济发展新常态背景下生态治理的实践路向，都昭示了中国特色社会主义制度的比较优势和道路自信。

二　研究现状

（一）国外研究概况

因20世纪中叶环境公害事件的集中爆发，国外学者对生态危机问题的关注起步较早，可谓“面广时长”，并大致呈现出以下五个方面论断：**第一，支配理念说**。20世纪中后期，生态伦理学擎起批判人类中心主义的旗帜并迅速占据西方学界的中心论域，形成了动物解放/权利论（辛格、雷根、弗兰西恩）→生命平等主义（施韦泽、泰勒）→生态整体主义（利奥波德、罗尔斯顿、奈斯）的理论进路，吁求将伦理关怀推己及物以舒缓人地冲突，但因择取避重就轻的道德说教而身陷乌托邦的实践困境；**第二，人口超载说**。持此种观点的主要有新马尔萨斯主义和增长极限论。艾里奇将环境元素作为额外约束因子加进马尔萨斯公式中，提醒人们关注环境恶化这一重要变量；哈丁指出唯有践行“救生艇伦理”方可规避公地悲剧；梅多斯笃信世界人口曲线的指数型爬升将引致环境过冲的可怖结局。但他们皆因脱离历史情境孤立探究自然极限而把环保运动引入歧途；**第三，消费无度说**。消费社会理论宣称问题的症结并非人口过量繁衍，而应归咎于商品过剩的物体系。如此说来，生态防治似乎应聚焦物欲放任的消费领域，省思攀比享乐的丰盛社会。可消费欲受制于生产力，资本积累同虚假需求之间存在因果关联；**第四，科技原罪说**。技术批判思潮则指认科技理性为祛魅自然的元凶。卡逊讲述了化学药剂对生物环境的危害；海德格尔视技术为框定一切的座架，不仅令自然难逃厄运，亦使“此在”沉沦异化；康芒纳认定 PAT 公式里的生产技术对环境影响最甚。殊不知科技本身是柄双刃剑，只有探查承载它的生产关系及社会体制才能准确定位其生态后果。**第五，政经制度说**。生态马克思主义认为生态危机罪在资本主义制度及其生产方式，资本主义社会的经济理性（高兹）、双重矛盾（奥康纳）、资本逻辑（岩佐茂）及代谢断裂（克拉克）造成了全球性的生态灾难，唯有建立较易生存（阿格尔）、环境公正（佩珀）和以人为本（福斯特）的生态社会才能实现永续发展；以布克金为首的社会生态学主张所有的环境问题均根植于复杂的社会问题，尤其是占统治性的社会等级制；以麦茜特和奥波妮为代表的生态女性主义意欲翻转父权体制下自然与女性同被压迫的厄运，志在创建一个多元和谐的公正社会。可不切实际的经济改革、改良主义的政治立场和盲目冒进的制度设计，使得所构想的美好世界难成社会现实。

其中，**生态马克思主义**①批判吸收了生态伦理、环境主义、后现代主义的生态理论，把生态问题引入马克思理论的当代表达中，开启了历史唯物主义的生态视阈和对资本主义反生态性的理论批评。他们关于生态问题的成因探源、生产方式的生态批判和制度变革的消弭路径为化解全球人地冲突提供了深邃的理论视角与崭新的实践指向。马克思主义对生态问题的关注始于法兰克福学派的霍克海默和马尔库

---

① “生态马克思主义”（Ecological Marxism）一词最早见于加拿大学者本·阿格尔于 1979 年出版的《西方马克思主义概论》书中，这被国内外学界视作生态马克思主义诞生的标志。另外，在国内专著和期刊论文里，时常会出现生态马克思主义、生态马克思主义、生态的马克思主义以及生态社会主义等不同的术语。由于前三者皆译自同一英文词组 “Ecological Marxism”，故并无实质差异。在此本文采纳学界最常使用的“生态马克思主义”（截止到 2015 年 10 月，中国知网的关键词精确检索显示：“生态马克思主义”共出现 624 次；“生态学马克思主义”被使用 470 次；“生态学的马克思主义”则仅有 12 次）。而生态马克思主义和生态社会主义的区别则较为复杂，学界至今未有一致的界定。王雨辰教授在所撰写的《生态批判与绿色乌托邦》一书中介评了以陈学明、俞吾金；郭剑仁；周穗明、刘仁胜；奚广庆、王谨为代表的四种观点［参阅王雨辰《生态批判与绿色乌托邦——生态马克思主义理论研究》，人民出版社 2009 年版，第 268—271 页］（曾文婷教授也做了类似的比较研究）；此外郇庆治教授的观点亦颇具代表性［参阅郇庆治《国内生态社会主义研究论评》，《江汉论坛》2006 年第 4 期，第 13—18 页］。由于这不是本文的研究重点，在此不予详述。

塞——对启蒙理性、技术理性的生态维度批判性反思，经过美国学者威廉·莱斯与加拿大学者本·阿格尔的开拓性研究，生态马克思主义遂得以正式创立。20 世纪 70 年代是生态马克思主义的初步形成期，代表人物和著作有：威廉·莱斯《自然的控制》（The Domination of Nature，1972）、安德烈·高兹《作为政治的生态学》（Ecology as Politics，1975）、威廉·莱斯《满足的极限》（The Limits to Satisfaction，1976）、豪沃德·帕森斯《马克思和恩格斯论生态学》（Marx-and Engelson Ecology，1977）、本·阿格尔《西方马克思主义概论》（Western Marxism：An Introduction，1979）。该时期主要特征是“从红到绿”。20 世纪 80 年代到 90 年代初为生态马克思主义的多元发展期，代表人物和著作有：瑞尼尔·格伦德曼《马克思主义与生态学》（Marxism and Ecology，1991）、戴维·佩珀《生态社会主义：从深生态学到社会正义》（Ecosocialism：From Deep Ecology to Social Justice，1993）、岩佐茂（《环境的思想——环境保护与马克思主义的结合处》，1994）、安德烈·高兹《资本主义、社会主义和生态学》（Capitalism，Socialism and Ecology，1994）。此外，詹姆斯·奥康纳创办了期刊《资本主义、自然、社会主义》，为生态马克思主义研究搭建了良好的理论交流平台。该时期显著特征是“红绿交融”。20 世纪 90 年代中期至今系生态马克思主义的成熟上升期。《每月评论》、《组织和环境》等期刊中陆续出现大量生态马克思主义文章，2007 年名为“国际生态社会主义网络”的团体在巴黎成立，与此同时相关专著集体问世：泰德·本顿《马克思主义的绿化》（The Greening of Marxism，1996）、詹姆斯·奥康纳《自然的理由——生态马克思主义研究》（Natural Cause：Essays in Ecological Marxism，1997）、萨拉·萨卡《生态社会主义还是生态资本主义》（Eco-socialism or Eco-capitalism，1997）、保罗·伯克特《马克思与自然：一种红与绿的视角》（Marx and Nature：A Red and Green Perspective，1999）、乔纳森·休斯《生态与历史唯物主义》（Ecology and Historical Materialism，2000）、约翰·贝拉米·福斯特《马克思的生态学——唯物主义与自然》（Marx's Ecology：Materialism and Nature，2000）《生态危机与资本主义》（Ecology Against Capital，2002）《生态革命——与地球和平相处》（The Ecological Revolution：Making Peace with the Planet，2009）、乔尔·克沃尔《自然的敌人：是资本主义的终结还是世界的终结》（The Enemy of Nature：The End of Capitalism or the End of the World？2007）、菲利普·克莱顿等《有机马克思主义——生态灾难与资本主义的替代选择》（Organic Marxism：An Alternative to Capitalism and Ecological Catastrophe，2014）。该时期大致特征是"绿色红化"。虽然不同时期各位学者的理论侧重点和研究范式不尽相同①，对马克思恩格斯是否拥有完整而有创见的生态学思想也存在争论②，但都在致力于谋求马克思主义与生态学理论的联结，驳斥生态资本主义修复方案的虚伪，旨在建构一种超越资本主义和传统社会主义的人与自然和谐共处的生态社会。

在分析生态问题成因根源时，莱斯认为生态问题源于控制自然的意识形态观念，"戡天"和"役人"实则内在相连；阿格尔由异化消费入手，通过分析生态、需要和消费三者的矛盾关系得出资本主义生态危机已经取代经济危机的结论；高兹从经济理性导致生态非理性的视角阐述了出现生态问题的根由；在佩珀看来，资本主义制度内在地

---

① 以奥康纳、鲁迪和科维尔为首的"奥康纳学术共同体"与福斯特、伯克特和摩尔组成的"福斯特学术共同体"自2001年以来进行了数次学术交锋，论争集中于三个方面：马克思与生态的关系；体现马克思生态思想的范畴是"新陈代谢"还是"生产条件"；生态马克思主义需要怎样的唯物主义辩证法。——详阅郭剑仁《奥康纳学术共同体和福斯特学术共同体论战的几个焦点问题》，《马克思主义与现实》2011年第5期，第194—198页）。本顿与格伦德曼在20世纪90年代初掀起过一场论争。本顿基于生态中心主义的价值观建构其生态学马克思主义理论体系，提出未来绿色社会的政治图景应是生态自治主义。这遭到格伦德曼的质疑和批判，格伦德曼于1991年在《生态学对马克思主义的挑战》和《马克思主义与生态学》中提出，应从生存论、价值论、对自然的理性态度和人类解放四个维度重新解读马克思的"支配自然"，完全可以在历史唯物主义理论框架内分析并解决生态问题。本顿于1992年在《生态学、社会主义和支配自然：与格伦德曼商榷》一文中，从生态问题的界定、劳动过程的改造能力、技术革新的生态意蕴、自然的审美价值等方面对格伦德曼的挑战进行了有力回应。总而言之，他们的纷争对于扩大生态学马克思主义的影响，推动相关理论研究做出了巨大贡献。

② 福斯特在《马克思的生态学》一书的导论中介绍了批评者指责马克思缺失系统的生态学视域的六大论据。——详阅［美］约翰·贝拉米·福斯特著《马克思的生态学——唯物主义与自然》，刘仁胜、肖峰译，高等教育出版社2006年版，第10—11页。

倾向于破坏和贬抑物质环境所提供的资源和服务；奥康纳基于马克思的资本理论及波兰尼的社会理论，认定资本主义社会存在的双重矛盾造成了经济危机和生态危机的并存互演；福斯特通过梳理唯物史观提出了新陈代谢断裂理论，并表明资本主义与生态环境之间呈整体性对抗态势；伯克特坚称资本积累的无限性与自然条件的有限性之间存在根本矛盾；克沃尔亦认为生态危机系世界资本主义体系推动的工业化进程所致。

在探索生态社会建构路径时，早期生态马克思主义者如莱斯、阿格尔等人均主张实施稳态经济，运用分散型、非官僚化技术建立较易生存的社会才是摆脱危机的最佳出路；佩珀认为“绿色资本主义”是个自欺欺人的骗局，唯有建立包括面向社会需要生产、确保社会与环境公正、坚持生产资料共同所有制等要素在内的生态社会主义才能真正解决生态问题；奥康纳主张将传统社会主义从迷恋“分配性正义”转向诉求“生产性正义”，开创一种能够很好协调生态保护的地方特色和全球视野之间关系的民主政治形式；岩佐茂意在构筑以生活逻辑为主导的生态社会主义来保全环境；福斯特在批驳资本主义用经济学和技术学等方法克服生态危机的生态危机的可能性后，提出取而代之的应当是满足全体人民真实需要并符合生态永续发展理念的生态社会主义；萨卡侧重于对资本主义不可持续性的理论批判，并祭出了一种基于缩减世界经济与人口规模、倡导生态道德新人培育的替代性进步观念；洛维指认这一社会的经济基础应植根于阐扬生态平衡与社会正义的非拜金主义价值观；克莱顿则从“有机马克思主义”的理论视域，尝试通过融合马克思主义方法论、中国传统生态智慧和过程哲学思想来指明世界的未来在社会主义生态文明。

总体看来，作为“红绿”派代表的生态马克思主义对生态问题的思考始终坚持唯物史观的历史分析法和阶级分析法，驳斥了马克思存在生态学空场和“普罗米修斯情结”的误读，前所未有的彰显了马克思主义理论中的生态维度。他们以变革资本主义制度为核心，以技术批判和消费批判为两翼，将解决出路与资本逻辑批判、环境正义运动联系起来，这较之于强调个体价值观念根本转变的“深绿”思潮和侧重经济技术手段渐进改革的“浅绿”理论无疑更具洞察力。然而，他们在论证社会主义国家如何规避环境恶化，如何正视资本市场的历史作用和技术政策的创新驱动，如何实现以循环型经济为基础的生态社会等方面，尚缺足够说服力。因此，我们不能将生态马克思主义作为解决我国生态问题的现成答案，而应视其为构建生态文明的有益镜鉴。

（二）国内研究概况

自20世纪90年代始，国内学界围绕“走进”还是“走出”人类中心、“征服”抑或“敬畏”自然环境（余谋昌，1991；刘湘溶，1992；叶平，1995；刘福森，1997）展开了对环境内在价值、自然生态权利等问题的早期思考。此后，研究主要集中在挖掘马克思主义经典著作的生态意蕴（朱炳元，2009；黄瑞祺、黄之栋，2010）、阐释国内外生态环境问题的治理路径（钱箭星，2008；郇庆治，2010），以及探考马克思主义生态理论的本土化实践（俞可平，2005；徐民华，2012）。近来随着生态危机成因探源、资本逻辑生态悖论和社会主义生态文明等议题的确立而将研究引向深入。

第一，关于生态环境危机成因溯源问题的研究，代表性观点有：（1）人性贪欲说。有学者认为生态危机源自欲求无限所致的人性迷失（曹孟勤、何裕华，2004）；正是人的本质属性异化造成了人性发展的危机（王振林、王松岩，2014）。（2）利益冲突说。有学者指认利益矛盾与生态危机内在关联（陈翠芳，2011）；危机的根由在于不同利益集团的矛盾争斗（周秀英、穆艳杰，2013）。（3）文化根源说。有学者笃定人类中心主义、唯发展主义和科技至上观是引发生态危机的思想根源（王诺，2006）；正是科技理性的泛滥导致了人文文化的缺失（胡帆、李金花，2011）；生态危机与西方文化密切勾连（冯丽洁，2014）。（4）社会制度说。有学者坚信环境退化源于财产私有制对社会生活的绝对统治（阎孟伟，2000）；当前的生态危机同政治生态弊端、社会生态乱象是流与源的关系（王四达，2009）；市场失灵和政府失灵才是引致环境问题的制度根源（方世南、张伟平，

2004）；资本主义生产方式及其社会建制应负原罪责任（徐水华等，2011）；（5）资本逻辑说。有学者主张奉行“效用原则”和“增殖原则”的资本逻辑才是生态危机的罪魁祸首（陈学明，2012）；人的主体张扬和技术理性泛化都伴随资本逐利扩张的逻辑特质（施从美、沈承诚，2013）；异化生产、过度消费、理性计算和全球扩张是资本逻辑的典型表征（毛加兴，2014）；反思生态问题应追溯到对资本关系的历史性审视（庄友刚，2014）；国际垄断资本主义的扩张造成了全球性的生态灾难（刘宇赤，2015）。

第二，关于资本逻辑与生态治理关系问题的研究，一些学者强调若要走出生态危机就须通过普及生态价值观（卢风，2008）以及贯彻制定环保法规、政府宏观调控和公众参与治理等国家行为（陶火生，2011）来限制资本的恶性掠夺；扬弃资本逻辑需超越近代主体哲学和变革社会生产方式（刘会强、杨廷强，2011），对资本与权力的利益关系同谋保持警惕（毛勒堂，2014），如此方能超越资本文明步入生态社会（刘思华，2014）；总之，生态文明取决于对后资本社会的建构（胡正豪、周鎏刚，2014）。但另有学者持异见，即不排除在资本关系下达臻人地和谐共生的可能（庄友刚，2013）；生态产业恰好是资本创新的一种普遍形式（任平，2014）；应匡扶资本的运行场域，构筑公平正义的社会体系（毛勒堂、张健，2009）；经由理念创新、体制再造与机制构建来促成资本的生态转向（施从美、沈承诚，2013）；在生态劳动价值观基础上利用市场机制去实现资本与生态的良性互动（张沁悦等，2014）。

第三，关于生态文明与社会制度关系问题的研究，主要围绕三个方面展开：（1）对绿色资本主义战略的生态批判。有学者通过对生态资本主义最新进展的回顾性评述，指出该流派因存在内源性矛盾而注定是种排斥性计划（郇庆治，2013）；应充分探讨西方国家数十年生态实践经验和教训（欧阳志远，2013）；西方国家拘囿于技术驱动的绿色投资措施，不能成为摆脱生态危机的核心政策（郭殿生，2012）；且在使“全球化的北方”成为“绿色资本主义”的同时，却使“全球化的南方”陷入生态环境危机（张云飞，2015）。（2）对传统社会主义发展模式的生态反思。（潘岳，2006）指出传统社会主义虽致力于对资本主义的超越，但其发展模式和资本主义一样都建基于西方工业文明，故难以从价值观与实践上回应生态危机；（宋萌荣、康瑞华，2012）追溯了苏联解决生态问题的政策举措，为谋求绿色复兴的中国提供启迪和警示；（金碧华、范中健，2013）亦探讨了苏联时期生态环境建设的成败得失及其对我国的借鉴影响。（3）对社会主义生态文明的体系建构，涉及指导思想、逻辑架构、路径优化、时代意义和问题挑战等方面。如（余维海，2009）对中国特色生态文明建设的历史背景、可能向度和实践路径做了初步探究；（王雨辰，2012）评介了生态中心论、现代人类中心论及生态马克思主义关于生态文明的理论基础、本质内涵和治理路径的论争；（赵建军，2012）概述了中国特色生态文明的理论体系构成和实践动力机制；（徐民华、刘希刚，2012）阐述了在马克思主义生态思想和科学发展观指导下当代中国生态文明建设的历史定位与目标要求，并提出了中国特色社会主义的生态经济建设、生态政治建设、生态文化建设、生态和谐社会建设的理论命题与实践形式；（杜明娥、杨英姿，2013）梳理了社会主义生态文明的思想基础、内在关联和总体构架；（卜祥记、何亚娟，2013）指出制度设计与观念改造是建设美丽中国的双重路径；（王晓广，2013）为实现美丽中国的夙愿，就需在观念认知、行为方式及制度设计等层面完成生态文明转向；（刘福森，2013）则通过探讨多个基础理论问题来解析我国建设生态文明的历史意义；（王宽、秦书生，2015）主张发展体现生态理性的市场经济，研发符合生态原则的绿色技术，并加强国际合作以抵制生态殖民主义。（刘思华，2015）经由探讨三个重大理论与现实问题来回应生态文明研究过程中的错误思潮，即生态文明的社会主义属性、“资本主义化”思潮和跨越工业文明“卡夫丁峡谷”理论。

综观国内学界，虽已取得长足进步，但仍有不尽如人意之处：（1）对生态文明建设进程中面临的问题挑战研究不够，原则性阐述较多；（2）寻章摘句过度诠释马克思生态思想而忽视其资本批判视阈、社会有机体理论等蕴含的生态学洞见和方法论启思，有舍本逐末之嫌；（3）对环境问题的追溯以及对资本市场的生态悖论缺乏缜密论证和整体性把握，学理依据不充分；（4）生态治理方案难以由理论话语体系转化为实践行动逻辑，理论与实践脱节。故此，还有诸多理论空场和实践进路有待深化与拓展。

（三）国内外研究动态

第一，问题批判意识显著增强。生态文明建设不仅是有待深化的学术问题，更是亟须本土践行的时代课题。以国内生态马克思主义研究为例，已从当初译介和追踪欧美同行学术成果过渡到具体理论（如物质变换思想、资本逻辑批判、空间正义理论）的专题解读与阐释应用，即由研读经典文献走向直面生活世界，由构造理论体系转向疏解现实困境。

第二，学科交融互动趋向明显。从环境伦理学独立研究到如今政治生态学、环境人文学、生态现象学等协同发展；从欧美环境运动独树一帜到如今中西马生态理论对话互动；从诘难文化价值观念到如今考量社会生产方式和政治经济制度，都是学科界域突破的成果。例如，对大气灰霾具体构成、成因机理和传输规律的科学认知便归功于跨学科交叉研究。

第三，中国话语范式逐渐建立。通过数十年对国外学者（如格伦德曼、多布森、哈维、福托鲍洛斯）的批判反思及相关学派（如生态马克思主义与生态社会主义、新马克思主义城市学派与马克思生态学、环境政治学与包容性生态民主理论）的比较评析，尤其是对生态文明基础理论的创新推展和中国具体环境问题的特征分析，已从先前遵循西方生态理论既有框架照着讲、接着讲，发展至如今立足马克思主义经典文本和当代中国实践语境自己讲。

因此，基于当下中国社会制度语境与经济新常态背景，探思马克思主义生态理论中国化进路，明晰资本逻辑的双重趋势和社会历史范畴，比照借鉴国内外绿色发展的先进理念和有益成果，揭示环境问题成因机制和生态社会治理路径，是亟待解决的理论与实践难题。

三 本书研究目标、方法与内容

（一）研究目标

本书积极响应十八大报告关于“从源头上扭转生态环境恶化趋势”、“努力走向社会主义生态文明新时代”的要求，在考察比较国内外生态危机理论研究现状及其进展的基础上，从学理和实践两个层面论证生态危机的成因根由、资本逻辑的反生态性及生态文明的实质内涵，探索适合当下中国生态治理的理论指南与现实进路，为推进全面深化改革和国家治理体系建设提供有益借鉴。

（1）学理层面：第一，资本批判是马克思主义的理论内核，对资本逻辑逆生态表征、自反性趋势和新时代变迁做出阐释，不仅涉及生态危机与资本市场的关系问题，也牵扯道德文化、消费社会、技术开发、人口繁衍与资本逻辑的关系问题，更关乎马克思主义生态理论的当代价值。第二，着力考察“以人为本”下辖三个命题的生态意蕴，即为什么以人为本？以什么人为本？以人的什么为本？在辨析人类中心主义与生态中心主义、市场公平与环境正义、商品生产与需求满足的矛盾冲突和内在关联中寻求解答，从而阐扬社会主义生态文明的理论旨趣。

（2）实践层面：以论述资本逻辑的形态更迭、内涵实质及其反生态特性为突破口，批判资本主义经济全球化带来的发展失衡和环境灾难，并通过对西方国家生态救治方案的理论考察与实证镜鉴，努力找寻一条经济良性发展与生态持续修复并行不悖的双赢策略，从而为健全中国特色生态治理模式以及论证创建两型社会的可行性研究提供理论参考和实践图景。

本书拟突破以下重点难点：

重点：（1）研究马克思主义文本中多个理论问题的生态意蕴，延展资本批判的理论主题。如通过分析城乡分离造成的代谢裂缝，重视低碳宜居城市建设的空间正义；通过分析劳动过程理论的双重逻辑，质疑生态马克思主义的片面解读；通过分析两种尺度、两次提升与两大和解的内在联系，探索生态文明社会的建构路向。（2）研究建设中国特色社会主义生态文明的可能路径，寻求生态治理的文明转型。其中，在培育民众生态意识上如何超越人类中心与生态中心、个体责任与制度规范的分歧；在全球生态治理实践中如何弥合地方特色与全球视野、历史责任与共同义务的矛盾；在实现美丽中国征程中如何看待资本市场与政府职能、渐进改善与结构变革的关系；在构筑生态文明范式时如何辨析生态社会主义、科学社会主义与中国特色社会主义的区别，也是亟待解决的关键问题。

难点：（1）凝练生态危机理论（尤其是生态马克思主义）的观点共识。笔者无意简单罗列各派观点或是系统梳理马克思主义生态思想，而是想统摄到一个共同的批判主题去集中阐述。就目前所掌握的材料来看，将引致生态危机的元凶归结为资本逻辑并厘清二者的内在关联尚须更多理论支撑和借鉴分析，这是面临的首要挑战；（2）论述资本主义制度架构内治理生态的实践悖谬。通过批驳“生态资本主义”理论常用手段的困境与局限，研判循环经济和低碳技术的运用前景与价值取向。因涉及生态经济学、社会生态学、环境政治学、生态区域主义等诸多绿色思潮，故需全面审视并综合评析，以回应西方生态理论的话语霸权，捍卫中国的环境权和发展权。（3）此外，市场经济的外部性困境、生态技术的搭便车现象、环境正义的正当性问题等也是值得关注的难点。以环境正义问题为例，人地冲突是人际关系交恶和利益分殊所致，实现环境正义乃至社会正义是生态文明的应有之义。然而，环境正义关涉代内正义与代际正义的双重维度，到底何种正义原则能契合“共生理念”，又有哪条现实路径可通向“红绿交融”都有待深入研讨。

（二）研究方法

（1）比较归纳综合法。本书需比较不同思想流派的观点，如辨识生态马克思主义同其他绿色思潮的区别，凸显马克思主义生态理论的在场性和深刻性；同时梳理归纳各代表人物在生态文明建设问题上的矛盾点和契合点，借此展开全面且系统的理论阐释。

（2）批判建构统一法。本书旨在统合生态危机溯源的事实批判与生态文明建设的规范研究。力求突破旧有的文化道德批判视阈，深入社会生态学和政治经济学的“原本批判”中索解问题对策，努力弥合现实进路和终极目标的实践沟壑，在现实批判中完成应然层面的建构。

（3）理论现实联系法。时下生态问题愈发加重，如何在学理上准确剖析之，并于实践中有效纾解之，是检验理论效用的重要标准。本书试图将马克思主义生态理论与中国环境治理实践结合起来，如在探讨科技创新驱动时，论及转基因作物的生态风险、清洁能源推广的资金障碍与互联网经济的零排放神话；在定位资本市场作用时，涉及光伏行业产能过剩、碳汇交易与洋垃圾走私；在分析区域环境正义时，关切“三高”产业区域转移防治、邻避运动与生态移民现象。

（三）研究内容

近年来，学界关于生态问题的风险溯源与治理实践研究已取得丰硕成果和较大推进，但仍存诸多理论难点与实践困局亟待突破。本书基于学界现有研究成果和存在问题，将着重开展以下五个方面的研究并形成相关理论观点，以期回应相关问题挑战、夯实相关基础理论。

（1）生态问题的发生机制研究。如何认识当前我国在现代化进程中生态问题产生的根源和实质，是推进生态文明理论研究和建设实践的前提。该研究涉及对生态伦理学、新马尔萨斯主义、消费社会理论和技术批判思潮的分析，指认压缩型、粗放式的工业化和城镇化进程是引致中国生态问题的特殊成因。急于告别短缺和消除贫困使得我们忽视了资源禀赋差、人口基数大、环保理念弱等不利因素，而资本拜物教与现代形而上学的耦合又加剧了生态风险。

（2）资本积累的逆生态性研究。该研究力求延展马克思主义生态理论，指出利润挂帅的经济理性导致资本市场的急功近利和环境保护的长久理念相抵牾，利润增进的马太效应亦同良序社会的和睦共荣相背离；而物欲至上的消费理念造成交换价值与使用价值相对立、财富生产与需求实现相脱节；时空拓殖的运行逻辑更引起代谢裂缝加深与生产条件破坏、虚拟资本泛滥与空间正义阙如。故此，须对市场至上法则和唯 GDP 政绩考核机制予以前提性质疑。

（3）资本逻辑的内涵实质研究。该研究力图还原资本逻辑出场的历史图景，开展对资本的发生学考察和现象学揭橥，指出未能辨识资本的社会关系本质是非马克思主义政治经济学理论的根本缺陷。而梳理马克思文本不难发现资本经由“经济权力”到“生产关系”再及“主体力量”终至“普照的光”这一清晰的生成路径。在将资本奉若圭臬的社会形态中，生产要素是资本的质料载体，社会关系是资本的形式规定，利润增殖则是资本的主旨鹄的。并通过厘清资本逻辑在全球布展过程中暴露出的自反趋向和生态限度，为社会主义国家驾驭和利用资本市场提供理论铺垫及现实指导。

（4）生态资本主义问题研究。比较区分社会主义生态文明与西方国家环境保护之间的差别是把握生态文明真谛的关键。该研究旨在考察欧美国家环境管治的现实进展和政策成败，说明脱离政经制度改革的举措虽能缓解区域性自然退化，但难抵资本扩张所致的全球性生态债务。通过揭示绿色技术法的局限、自然资本化的狭隘、风险转嫁论的贻害来证伪其生态重建的实际成效。警示我们决不能重蹈西方发达国家“边污染边治理”、“先破坏再修复”的覆辙，抵拒资本的任性扩张和生态殖民的入侵，主动寻求文明范式的时代转换。

（5）生态文明建设理论研究。该研究从“中国特色”和“社会主义”两方面阐述消解生态问题及实现文明转向的可能路径：第一、科学阐发中国特色，即是要立足当下现实去建构生态文明理论的中国话语体系。今日实践着的中国特色社会主义，仍需辩证解读资本市场的历史合理性，失去物质基础的生态文明只能是空中楼阁。所以，应加快经济体制机制改革和产业结构调整升级，开启市场调配与政府导控双引擎，深度诠释“金山银山”和“绿水青山”的辩证关系。第二、坚定社会主义道路，即是要秉承马克思主义“两个必然”的历史使命和“两个绝不会”的科学论断，保持制度自信和道路自信。超越资本中心主义抑或生态中心主义的二元思维定式；促进区域联动治理和统筹环境正义多重向度；形塑面向人的需要满足而非服膺资本增殖的生态城镇建设，是生态文明价值理念、制度建构和经济改革的应有之义。同时还需对生态文明的主体依托、体系构成和目标旨趣进行深入探讨。唯此，一个经济稳健增长、社会公正和谐、生态优美宜居协同进化的文明新范式才能被建立。

四　本书基本架构

本书秉持**问题导出→根由探源→批判分析→消解进路**的内在逻辑，由导言、第一章、第二章、第三章、第四章和余论共六个部分组成。

导言部分主要介绍了选题缘由、研究现状以及本书研究框架。

第一章从描述日益严峻的生态问题出发，对时下探寻生态危机成因的四种主流观点进行了评介，指出无论是申斥价值观念或人口过剩，还是责难无度消费或技术座架都未能把捉到问题的根由，隐匿在诸表象背后的资本逻辑及其社会建制才是引致生态危机的罪魁祸首。

第二章由考察资本的本质内涵及资本逻辑的演进历程入手，指出资本不可遏止的增殖秉性势必贬损人身自然和生态环境。并通过阐述资本时空布展中所暴露出的种种逆生态表现，如对适度旨趣的疏离、对永续发展的漠视、对生态财富的掠夺、对生产条件的破坏等，得出资本逻辑宰制下的社会终将面临自然极限和整体失控的论据。

第三章评析了资本制度框架内救治生态的三类改良方案：绿色技术法、自然资本化和风险转嫁论，并认定这些举措均不足以帮助资本主义社会完成生态重建。“扩张或毁灭”是资本社会颠扑不破的铁律，也是其无法逃遁的宿命，“生态资本主义”只能是个漏洞百出的骗局，走出生态困境必须另寻出路。

第四章探讨了遵奉以人为本的社会主义生态文明作为消除生态危机的可能。生态危机实则是人的生存发展危机，只有立足人的立场去合理调适人与自然之间的物质变换关系，才有望超越资本中心主义和生态中心主义共有的二元论思维范式。其次，人际冲突和人地矛盾一体两面、互为表里，环境正义问题直接关涉生态文明的制度建构。最后，塑造以满足人的需要而不是服膺资本增殖的全面生产，是完成人道主义和自然主义相统一的必经之路。

余论部分着眼于当下中国，主张正视资本市场的阶段合理性，保持经济发展和生态保护这二者的张力平衡。通过贯彻以人为本的绿色发展观去驾驭和规约资本逻辑的运作场域，在资本文明辉煌的制高点实现人与自然、人与自身的双重解放应是社会主义生态文明的目标旨趣。

绿色发展理念作为全面建成小康社会的价值引领，不单是关注经济的转型升级（增殖环境资产），也不仅为了自然的繁衍生息（创造绿色财富），更应着眼于民众生活质量的持续改善（共享生态福利），实现生态盈余与民生福祉的和谐统一。将绿色发展理念转化为政策实施、规划评估与治理路向的价值规范，通过革新生态文明制度和绿色GDP考核体系厘清政府、企业与公众的权责，理顺经济发展、生态保护和社会正义的关系，为消解资本逻辑逆生态性、构建中国特色生态文明提供现实参照，为保障全球生态安全做出应有贡献和示范引领。

第一章

辨识生态危机的成因机制

生态环境问题[①]，实则古已有之。循史而察，玛雅文明的陨落、楼兰王国的湮灭同自然环境的激变密切相关，早在19世纪恩格斯便以美索不达米亚、希腊、小亚细亚等地居民毁林开垦招致自然界报复的史实向人类发出了警告。然而，人们对这些点源性的环境灾难未能引起足够重视。到了晚近以降，借由社会生产力的急遽膨胀，人类干预和搅扰地球物质变换的能力得到了空前提升——科学家甚至用“人类世”[②] 这一新创的地质学名词来表征工业文明对生态系统的巨大影响，这时气候异常、冰川消融、臭氧空洞、能源枯竭、土地退化和物种灭绝等危及人类文明存续的生态问题突然大量涌现并迅疾遍布全球。

一 日趋严峻的生态困局

时至今日，生态困局引发的深层焦虑正快速销蚀和抵冲着丰盈的物质生活带给人们的幸福感受。生态阈限愈益逼近，崩溃态势日趋显露，已然成为我们谋求生存发展的最大掣肘。

---

① 主要指涉次生环境问题，以及由此触发的生态灾变。当然这并非严格意义上的界定，因为现在诸多原生性自然灾害也是人类间接造成的。

② 为了强调如今的人类活动对地球圈层的突出影响，诺贝尔化学奖得主保罗·约瑟夫·克鲁岑在2000年首次提及“人类世”（The Anthropocene）这一概念。克鲁岑指出，自18世纪晚期工业革命始，人类活动逐渐上升至主导环境演化的重要地质营力。作为当前生态系统中最活跃的因子，人类活动导致了地质沉积率的改变、全球碳循环的异动和生物种群数的骤降……故此，地球已经走出全新世，迈入人类世的新阶段。

就中国而言，原本就背负着诸如自然灾害频发、人口基数庞大、资源禀赋不足等一系列沉重的环境压力，加之数十年粗放型经济增长模式、污染性能源产业结构和唯GDP政绩考核机制的强劲推动，虽如愿荣膺“世界第二大经济体”头衔，但也为此累积下厚重的生态赤字和高昂环境代价难以偿还。当前，生态平衡已被打破、能源供应加快束紧、粮食进口逐年增加，危机征兆正全面铺陈开来①：（一）空气质量不断恶化。雾霾天的频繁出现激起了公众对细颗粒物（即$PM_{2.5}$）与碳排放的普遍关注，“厚德载雾，自强不吸”；“霾头苦干，再创灰黄”等各种段子成了网民苦中作乐的无奈戏谑。尤其是自2013年始，包括京津冀、长三角和珠三角等区域在内的近半国土数次遭遇重度灰霾天气侵袭，受影响人口数以亿计，已然成为国人健康的“心肺之患”。环保纪录片《柴静雾霾调查：穹顶之下》一经推出，2天时间网络播放近3亿次，掀起了一场指尖上的传播风暴。2015年全国338个地级以上城市中，265个城市环境空气质量超标，部分城市每年重污染天数超百日，空气污染指数（API）峰值爆表已属常态。各地多次启动工地停工、机场停飞、高速封路、学校停课等应急预案，“十面霾伏”俨然成为时下首要环境问题。此外，全国酸雨污染依旧严重，部分地区还出现了光化学烟雾。呼吸清洁空气、仰望蓝天白云这个最素朴的愿望对于今日国人儿成奢求。（二）水体污损不容乐观。“70年代淘米洗菜，80年代洗衣灌溉，90年代鱼虾绝代，到了现在癌症灾害。”这句顺口溜是人们对几十年来水质变坏的直观感受，也从侧面形象地反映了生态环境的转恶过程。1998年长江特大洪水以及2011年持续数月的“西南之渴”使得人们仿佛身处干湿季残酷交错的非洲热带大草原，凸显了水资源时空分布不均和极度短缺；近年，国控断面中Ⅳ—Ⅴ类和劣Ⅴ类水质断面比例达三成，松花江苯泄漏、龙江镉中毒、黄浦江死猪漂浮等水域公害事件层出不穷；2015年，62个国控重点湖泊水库里有仅有5个达到Ⅰ类水质，滇池、白洋淀等因总磷、化学需氧量指数重度超标几乎丧失降解净化功能，太湖爆发大规模蓝

① 数据来源：《2015中国环境状况公报》。

藻事件令人至今记忆犹新；在202个地市级行政区地下水监测点位中，水质呈较差—极差级的监测点占比61.3%，堪忧的水质状况导致城镇用水供需矛盾加重，人均水资源占有量仅为世界平均水平的1/4；全国近岸海域水质也较一般，海洋渔业资源逐渐匮乏，渤海溢油事故造成的生态后果短期内无法消除。（三）垃圾围城已成顽疾。据统计，2015年全国600多座城市共清运垃圾1.92亿吨，并以近4%的速度逐年递增，且垃圾围城现象大有往农村蔓延之势。我国每年总共产生约10亿吨垃圾，侵占土地累计5亿平方米，无害化处理设施紧缺。堆积如山的垃圾释放出各种有毒物质，严重污染了空气、土壤和地下水。可我们在难以消化自己制造的垃圾之时，却还从欧美等国每年进口数千万吨废弃物。作为世界最大废旧电器拆解集散地的广东贵屿已成癌症高发区，而这只不过是众多经营电子垃圾的村镇罹受重金属之殇的一个缩影罢了。除了上述三类突出的生态风险，生物多样性锐减也引发了民众的高度关切，这在热议华南虎照事件、谴责抽取黑熊胆汁、各界营救濒危江豚等方面表现得淋漓尽致；突发环境事件的持续攀高更导致了人们的强烈忧虑，因工程项目污染环境而接连引发多起群体性冲突便是明证，大连抵制PX项目、什邡反对钼铜厂落户，以及启东抗议纸企排污所掀起的“邻避效应”决非孤例；2013年底发布的第二次全国土地调查主要数据成果显示，确保耕地红线占补平衡的压力依然巨大，过度挤占城乡生态空间的形势仍很严峻。综合看来，据《2014人类绿色发展报告》显示，在全球123个测算国家中，中国的绿色发展指数排名第86位，工业三废污染、城镇生活污染和农村面源污染的叠加使得优化国土格局建设美丽中国任重而道远。

如此危重的生态问题在世界各地也都屡见不鲜：20世纪上半叶相继发生了著名的八大公害事件，其中仅伦敦烟雾事件就导致了逾万人死亡的悲剧。此后更为触目惊心的污染事件接踵而至：1984年印度博帕尔毒气外泄夺去了50多万人的生命，酿成了20余万人永久致残的惨案；1986年苏联切尔诺贝利核泄漏使得欧洲半数国家受到辐射尘侵袭，所造成的伤亡人数、经济损失和环境影响不可估量；同年，剧毒农药泻入莱茵河殃及沿岸居民饮水安全，部分河段生物绝迹，成为西欧环境史上最大水污染事件；1991 年海湾战争引发的油污染事件，在短时间内就致数万只海鸟丧命，波斯湾一带的海洋生物也没能逃过这场劫难；2010 年墨西哥湾一处钻油平台发生爆炸，泄漏的原油覆盖了 2500 平方公里，事发海域生态完全失衡，沉重打击了当地的捕鱼业和旅游业；2011 年日本福岛第一核电站事故污染了大片周边区域，方圆 20 公里内居民全部撤离，截至今天补救行动尚未结束……2012 年联合国环境规划署（UNEP）发布的《全球环境展望 5——我们想要的环境》，更为系统地评估了全球范围内大气、土地、水、生物多样性、化学品和废弃物的糟糕现状，并详细介绍了各大洲环境发展面临的严峻考验，警示人们正视当前险恶处境以应对未来艰巨挑战。由此我们有充足理由指认，“**自然之死**”的担忧绝非“**毫无来由的恐慌**”，“**濒临失衡的地球**”已是“**难以忽视的真相**”[①]。当下肆意泛滥的生态问题，无论就地域的广泛性和形势的复杂性而言，还是从频率的密集性和程度的剧烈性来讲，皆称得上是全球性的头等危机。地球生命之网被撕扯得支离破碎[②]，人类亦被逼进史无前例的生存困境之中。

面对回旋余地日渐收窄的生态困局，“生存还是毁灭？”这一哈姆雷特式的难题赫然横亘在了所有人的眼前。如若不能及早采取有效措施破解上述难题，蕾切尔·卡逊笔下那个满目疮痍、荒凉寂静的春天便极有可能成为恐怖的现实，综合治理生态环境已刻不容缓！还算庆幸的是，经由环境科学专家的不懈努力和民众日常生活的切身体验[③]，漠视生态否认危机的虚无主义论调已逐渐销声匿迹。“环球同

---

① ［美］卡洛琳·麦茜特：《**自然之死**——妇女、生态和科学革命》，吴国盛等译，吉林人民出版社 1999 年版；［美］S. 弗雷德·辛格、丹尼斯·T. 艾沃利：《全球变暖——**毫无来由的恐慌**》，林文鹏、王臣立译，上海科学技术文献出版社 2008 年版；［美］阿尔·戈尔：《**濒临失衡的地球**》，陈嘉映等译，中央编译出版社 2012 年版；［美］阿尔·戈尔：《**难以忽视的真相**》，环保志愿者译，湖南科学技术出版社 2008 年版。

② 据 WWF《地球生命力报告 2016》显示，地球生命力指数（LPI）在 1970 到 2012 年间已减少了 58%，该指数衡量了 10000 多种有代表性的哺乳动物、爬行动物、鸟类、两栖动物和鱼类种群的生存状态。

③ “百年一遇”、“破气象记录历史极值”的旱涝灾害、酷热极寒、飓风海啸频繁降临，愈演愈烈，逼使人们认同全球变暖的昭然事实，直面生态浩劫的可怕真相。2003 年热浪席卷欧洲，光是南欧就有 35000 人丧生。而今，民间环保团体正如雨后春笋般生长壮大。全球语言研究所评选的最近十年间热门词汇和短语中，“全球变暖”、“气候变化”、“海啸”、“碳脚印”等赫然在列。

此凉热”使全世界都充分意识到纾解环境风险的急迫性，纷纷号脉开方以期诊疗生态危机，觅寻人与自然和谐共荣之道。

以气候变化为例，虽然国际社会对气候变化的科学认知还存在差异，但普遍认为人类活动对气候变化的影响不容忽视，现有翔实可靠的科学数据和权威资料足以确证人类活动与全球升温之间的关联。①美国前副总统、著名环境学家阿尔·戈尔于2006年推出的纪录片《难以忽视的真相》和同名书籍，他的团队关于温室气体过量排放造成气象灾害频发的观点，在国际社会引起了广泛回响，其中大量实景照片、科考样本与分析简报更使得原先持怀疑立场和观望态度的民众直观到了改变大气成分的严重性。②2013年9月政府间气候变化专门委员会（IPCC）在瑞典斯德哥尔摩召开的第三十六次全会上，审议通过了第五次评估第一工作组《气候变化2013：自然科学基础》报告。该报告由39个国家共259位气候系统科学领域专家历时5年编写而成，全面涵纳了地球气候变迁的最新观测数据，定量描述了人为因素对大气增温的核心作用，并预估了气候走向的基本趋势，从而进一步掌握了人为引致全球暖化的确凿证据。③《联合国气候变化框架公约》（UNFCCC）自1994年生效以来，为各国合作减排温室气体奠定了法律基础。虽然在已举行的二十二次缔约方会议（COP22，截至2016年马拉喀什气候大会）中历经波折，但从最初饱受争议《京都议定书》到凝聚共识的《巴厘岛路线图》到遗憾落幕的《哥本哈根协议》再及重大突破的《巴黎协定》，包括缔约各方在内的整个国际社会就尽早达到碳排放峰值，持守“共区责任”和“自主贡献”治理原则等形成了基本共识，传递出携手扼制气候变暖的政治意愿和合作信号。

二　危机成因的四种主流观点

唯有直抵生态问题的根源，才有望化险为夷。对此，时下最为盛行的“四因说”能否从聚讼纷纭且大异其趣的生态主张中成功突围，跃出局部改善整体恶化的怪圈，进而抛开空想与零和思维给出切实可行的应对韬略呢？

（一）“支配理念说”

虽说危机成因错综复杂，学界至今莫衷一是，但最引人注目的当属对所谓“人类中心主义”价值观的批判。20世纪中后期，伴随全球生态的破坏日甚和环保运动的风起云涌，各种质疑人类中心合法性的生态批评理论应运而生。在他们看来，恣意贬抑自然——源于基督教之人对自然控制信念，以及启蒙精神之人为自然立法理性——的人类中心主义价值观，是导致地母盖娅频遭凌虐的元凶。现行环保政策之所以时常失效，正是因为人们秉承该价值理念无视自然的根源性意义（source），只会出于浅近的功利诉求去关切环境资源（resource），一旦遭遇发展压力便让位于经济建设的缘故。

研究思想史的学者，首先对基督教教义中根深蒂固的人类中心主义做了深刻检讨。科学史家林恩·怀特于1967年所撰《我们生态危机的历史根源》一文里指出，基督教是迄今为止最具人类中心主义色彩的宗教。与古代异教和亚洲宗教完全不同，它确立了人与自然的二元论，并鼓励人们以统治者的姿态对待自然。这在《圣经·创世纪》关于人类掌控自然的训谕中即有多处体现①，按上帝形象塑造的人类能运用所领受的生杀特权任意宰割其他生命，自然被视为可蹂躏的俘获物而非需爱护的合作者。《目前环境危机的宗教背景》的作者阿诺德·汤因比更是断言，当今世界包括无道滥用自然在内的主要祸源，均可溯及一神论的宗教传统。基督教及以此为母体的西方文明首

---

① 在中文版《圣经·创世纪·神的创造》第28节中，表示支配的那两个动词被分别译作“治理”和“管理”（“要生养众多，遍满地面，**治理**大地；也要**管理**海里的鱼、空中的鸟，和地上各样行动的活物。”），这较之于两个希伯来文词kabash与radah的原义显然要温和许多。它们本应指涉一种运用武力击败他人或是残酷殴打奴役对象的行为，行使着类似于主奴关系的绝对支配权。英文版《圣经》用subdue（征服）和rule over（统治）或have dominion over（支配）来翻译kabash与radah应该更为妥当。——引述自韩立新：《论人对自然义务的伦理根据》，《上海师范大学学报》（哲学社会科学版）2005年第3期。实际上，这两个词语在整部《旧约》中也都有使用，用以表达征服者脚踏战败者颈项之上耀武扬威的意象。

当其冲地构成了环境危机的思想根源。

文艺复兴和启蒙运动虽然以知识性系统破除了中世纪的宗教神学，却又固执地续写起圣经“原罪”中关于征服自然的疯狂神话，并将其转变成一部英雄史诗，扩展到了涵盖整个人类历史的范围。“从圣经中‘原罪’神话开始，这一活剧就赋予第一自然以‘吝啬的’、‘难以控制的’和非赠予的领域的角色。这是一个人类劳动必须在某种程度上‘驯服’或至少是因为亚当和夏娃的亵渎行为遭受‘惩罚’的领域。19 世纪的经济学为这一神话活剧增添了自己的印记，把自然界定为对‘稀缺资源相对无限需求’的研究。”① 自培根喊出“知识就是力量”到笛卡尔宣称“我思故我在”，从莱布尼茨“万物由人的理性支配”再及康德“人为自然立法”，“擅理智”以“役自然”② 的人类中心主义观念在欧洲社会不断兴盛：“从 16 世纪起，西方思想在很大程度上以一种对立的方式来界定自我与外部世界尤其是与自然的关系。进步不是被认定为精神的救赎，而是人类使自然服从于市场需要的技术能力。人类命运不是被看作其精神与智力潜能的实现，而是看作对‘自然力量’的‘统治’和把社会从‘邪恶的’自然世界中的拯救”③。其后果便是，经过启蒙的理性经济人不仅于观念上宣判自然为死的质料，而且在物质生产中直接导演了地球生命的现实消亡。

1. 变革价值观念的吁求

在这场批判性解构人类中心主义思潮中，环境伦理学独树一帜的把自然生态纳入伦理关系中予以考察，并凭借引人瞩目的建构理路迅速占据了西方学界的中心论域。其间，动物解放/权利论、生物中心论和生态中心论等主要流派先后登场，并在不同层级上探讨了将道德

---

① ［美］默里·布克钦：《自由生态学：等级制的出现与消解》，郇庆治译，山东大学出版社 2008 年版，1991 年导言第 17—18 页。

② 参阅［美］艾恺《世界范围内的反现代化思潮——论文化守成主义》，贵州人民出版社 1991 年版，第 5 页。

③ ［美］默里·布克钦：《自由生态学：等级制的出现与消解》，郇庆治译，山东大学出版社 2008 年版，第 174—175 页。

关怀推己及物以舒缓人地冲突的实施方案。

（1）动物解放/权利论突破传统伦理学以人类为中心的价值取向，首次将动物纳入考量范畴，代表人物是彼得·辛格和汤姆·里根。前者依从功利主义原则，强调动物同人一样也具备感受苦乐的能力，故而可以享有相应的道德身份；后者则提出了基于权利的动物保护观点，认定动物个体因拥有天赋价值而成为独立的生命主体，理当获得被尊重对待的权利。尽管他们二人的立论根据稍有差异，但都把动物当作道德对象来看待，主张废除动物工厂，提倡素食主义，反对从事狩猎活动和动物实验。（2）生物中心论者进一步认为，我们还需对动物以外的生物予以必要的关注。其先行者阿尔贝特·施韦泽就肯定一切生命均有实现自身价值的生存意志。在敬畏人类生命的同时，必须学会与其他生物和谐相处，唯有如此才能升华生命的内涵，过上合乎道德的生活。另一代表人物保罗·泰勒则系统论证了生物中心伦理，并将处理人地关系的善恶标准界定为是否展现了尊重自然的道德态度。用他的话说，众生皆有善，都是“生命目的的中心”。人类只是地球生命共同体的普通一员，决非生来就优于其他生物。大自然的稳定需要丰富多样的生命形态来维持，因此所有生命体都应受到同等的道德关怀。（3）生态中心论不满足于仅仅肯认有机个体的价值，还尝试着给予全部物种乃至生态系统以道德顾客的身份，从而建立起了整体主义的环境伦理观。先驱奥尔多·利奥波德创构的“大地伦理学”，视完整、稳定和美丽的大地共同体为至上的善，呼吁“人不仅要尊重共同体的其他伙伴，而且要尊重共同体本身”①。因为，只有把土地看成是一个我们隶属于它的共同体时，才可能怀着尊敬之心去使用它。霍尔姆斯·罗尔斯顿指认人际伦理学患有轻慢自然内在价值的“物种盲视”症。人类只有做好自然的“价值翻译员”和“道德监督者”，才能诗意地栖息于地球。转向环境的伦理学注定“是关于我们的根源（而非资源）的伦理，它也是一种关于我们的邻

① ［美］奥尔多·利奥波德：《沙乡的沉思》，侯文蕙译，新世界出版社2010年版，第198页。

居和其他生命形式的伦理”①。以阿伦·奈斯为首的深生态学遵循两条最高准则：一是应将自我成熟的过程理解为由个体“本我”（ego）经社会“小我”（self）到生态“大我”（Self）的三个阶段，即自我实现原则；二是万物皆无高低贵贱之分都有生存和成长的平等权利，即生物圈平等主义。他强调在此基础上超越“浅层生态学”的理论架构，形成讲求物我共生的“生态智慧 T”②。

以上三种学派虽然观点纷呈，但从动物解放/权利论→生命平等主义→生态整体主义的理论进路，都秉持着一种“非人类中心主义”的路向，即希图通过拓展伦理共同体范围——抬升动物、所有生命体乃至整个生态系地位——的方式来解消“主尊客卑”的价值成见。这些环境伦理学家旨在依仗良知德性遏止人类的权力泛滥，从而课以对他物的直接义务，最终达致化环境破坏型社会为生态可续型社会的目标。正如《环境伦理汉城宣言》所述，我们假若不能及时改变现有道德意识和信仰体系，全球生命支持系统迟早会面临彻底崩溃的悲惨结局。丹尼斯·米都斯等人亦在《增长的极限》一书中，号召民众提高危机意识，变迁价值观念，重构文明秩序，进行“一场思想上的哥白尼革命”③。

2. 伦理扩延面临的窘境

从价值论视域唤醒人皆有之的恻隐之心，以礼赞生命的方式弃绝狂傲的支配理念无疑会助益于道德自律的建立与环境险情的消释。然而，这种诉诸伦理进化，给予非人生命体以价值关照的颠覆性思路，或多或少都面临着一些理论困境和实践危害：例如，“动物解放说”因造成环境伦理学与生命伦理学的冲突而存在“优生主义危险”；“自然价值论”因无法从生态学之“是”直接推出伦理学之“应该”而身陷“自然主义谬误”；“大地伦理学”因反比例原则应用到濒危

① ［美］霍尔姆斯·罗尔斯顿：《环境伦理学——大自然的价值以及人对自然的义务》，杨通进译，中国社会科学出版社2000年版，第41页。

② 参阅雷毅《深层生态学》，上海交通大学出版社2012年版，第63—72页。

③ ［美］丹尼斯·米都斯等：《增长的极限——罗马俱乐部关于人类困境的报告》，李宝恒译，吉林人民出版社1997年版，第152页。

物种和人类个体比较之中而落得“环境法西斯主义”骂名；“深层生态学”更因罪责全体人类忽视环境正义而招致社会派环境思想家（尤其是社会生态学和生态社会主义）的诘难[①]……他们共同的错误在于，依靠“动物福利”、“谛听大地的语言”、“像山那样地思考”等拟人化概念与隐喻性表述来驳斥人类中心主义，首先就是一个似是而非且悬而未决的命题。该提法其实并不新鲜，乃仰仗威权、信奉整体和崇尚古制的原始泛灵论在当代的重新抬头。这显然与现今文明发展趋势背道而驰，有堕入蒙昧蛮荒的危险。约翰·帕斯莫尔对此早有预见，并表达了强烈不满和严正抗议。他在著作《人对自然的支配》最后一章里批评夫列斯尔·达林（Fraser Darling）道：夫列斯尔·达林期望采用“整体性哲学”与“拜火教真理”去消除环境问题，这并未给现代文明进步导入任何新元素，恰恰相反，带来的却是堕入蒙昧蛮荒时代的危险幻想。帕斯莫尔断言，意图用浪漫主义或乞灵于神秘主义解决生态危机的做法只能是一种历史的倒退。在他看来，诸如亨利·梭罗、拉尔夫·沃尔多·爱默生、约翰·缪尔和阿尔贝特·史怀泽等人均属此类。[②] 默里·布克金也明确指出，在激进生态学研究中，对资本主义经济导致的生态难题的抗拒，正逐渐让位于对神秘的更新世和新石器时代的崇古性赞美，而这势必会诋毁人类理性的创造性及其在自然进化中的重要地位。

其次，逾越道德定义本身的基本界限将其意涵无限泛化，并把人类社会独特的价值序列强行推及自然，非但没有改变后者消极被动的客体地位，反倒成了“物种歧视主义”的另一激进表现。且赋予大自然以人的权利，表面看倡导的是一种非人类中心的后现代主义路向，实则不过是将自然人格化了的倒转的人类中心主义而已，两种主

---

① 参阅韩立新《环境价值论》，云南人民出版社2005年版，第68—79、58—59、108—115、213—216页；孙道进：《“荒野”自然观：环境伦理学的本体论症结》，《重庆社会科学》2005年第4期，第48—52页；刘福森：《自然中心主义生态伦理观的理论困境》，《中国社会科学》1997年第3期，第45—53页。

② 参阅［澳］John Passmore. *Man's Responsbility for Nature*［M］. London：Duckworth，1980：173-175.

义的纷争本无意义。其中最具影响力的当属美国法哲学教授克里斯托弗·斯通于1971年撰写的《树能站到法庭上去吗?》一文。他在文中首次从法律视角探讨了自然物的权利问题，郑重提议赋予森林、大海和其他自然物以“法的权利”。1974年，他将论文扩展为一本名叫《树木拥有地位吗？走向自然客体的法律权利》的书，后来成了环境伦理学和环境法学的经典文献，在“自然的权利”诉讼史上具有里程碑式的意义。所以，无论是宣扬人与自然对立性的“二元论”，还是重申人与自然连续性的“还原论”，对于我们正确理解两者的辩证关系、揭露人道主义的僭妄都无裨益。另外，就清算传统人类中心论的遗毒来讲，培育道德规范固然是不可或缺的文化要素，但终究只是无法硬化的意念约束。而拘泥于择取避重就轻的道义清谈，试图超越感官去映现生命体本真的内生价值，致使生态伦理更多传达出来的是与科学范式无涉的精神信仰，无益于人地对峙真相的厘清和环境衰变动因的澄明。

再者，深绿派口诛笔伐下的人类中心主义不过是资本生产方式在观念世界的产物。威廉·莱斯等人认为，控制自然只是维护特殊统治集团的手段，导致生态危机的人类共同体从未在现实中出现。“人类中心”这一普适概念出自资本主义意识形态的虚构，目的是回避和混淆在享用利益、遭受损失与承担责任方面的主体差异。因此，生态主义者竭力消解的所谓人类中心主义只不过是个“假想敌”，恰是资本原则统摄的现代社会拒绝承认人类也需依附于自然的生活常识。由于没有同资本逻辑的强势话语展开正面交锋，这些环境学家所从事的道德劝诫工作注定收效甚微。与此同时，生态主义者悉力保护的并非我们周围的感性世界，而是“对人来说也是无”的，“被抽象地理解的，自为的，被确定为与人分割开来的自然界”[①]。印度学者古哈就从第三世界立场出发，抨击美国式环境运动已罹患上“荒野强迫症”，指责他们对猫狗、树丛和荒野的亲近甚或超过了对异族同胞的关爱。众所周知，“荒野”一词在环境伦理学中出现频率极高，最为

① 《1844年经济学哲学手稿》，人民出版社2000年版，第116页。

久远者或许可追溯至亨利·梭罗，他在1854年出版的《瓦尔登湖》一书中强烈推崇体验旷野的重要性。此后包括拉尔夫·沃尔多·爱默生、约翰·缪尔等人在内的几乎所有深生态学家都对荒野景观进行过细致描绘。在他们的眼里，仿佛只有人类的阙如才能带来万物的狂欢，远离都市、人迹罕至且未被驯化的荒野才是美丽真实的自然。霍尔姆斯·罗尔斯顿甚至自称是“一个走向荒野的哲学家”，呼吁人们珍重荒野的内在价值和系统价值。然而，在远未疏解全球变暖的南北争端、居住环境的等级分化等一系列核心议题之前就奢谈生态优先性，凸显了西方上层社会的悠闲情调和“富人伦理”的自负情结①。总之，北部国家通常将环境看作一种消遣对象和消费手段，它们的环境保护理论受后稀缺社会的休闲价值观驱动。这种畸形的荒野恋情不仅回避了造成当今生态失衡的深刻经济基础，还会阻碍人们去承担那些能够切实改变危机现状的实践活动。更紧要的是，他们在致力于提升人性道德修养和热衷于建设国家公园的过程中，却对招致环境退变的社会制度原因熟视无睹，撇开“踏轮磨坊的生产方式”及由此产生的“结构性不道德”②，武断地归罪于无差别的“人类总责任”，使得生态殖民、环境正义等更为迫切的问题得不到应有重视。殊不知，劫掠自然、肢解生态总是由身处特定社会关系中人的生产性活动引起，实际的肇事者是从资本增殖中牟取暴利的少数群体，笼统而暧昧的“类”这一字眼淡化和遮蔽了太多深层次矛盾。其实，人并非天生自私贪婪，是奉资本积累为最高目标的现行政治经济制度使其沾染所致。改变自身道德观念乃至生活方式的环保小事固然很有意义，但决计不可因此遗忘环境灾变的深层缘由。只有从资本社会的扩张逻辑中找寻支配欲念的发生机制，才能避免陷入乌托邦的实践困境，真实兑现解放自然的理论承诺。由此可见，人类与自然交恶决裂，究其本质是资本与生态价值叛离、自我与他者利益分殊的体现！

---

① 参阅［印］Ramachandra Guha. Radical American Environmentalism and Wilderness Preservation：A Third World Critique［J］. *Environmental Ethics*，1989，（11）：71－83.

② 参阅［美］约翰·贝拉米·福斯特《生态危机与资本主义》，耿建新等译，上海译文出版社2006年版，第36—38页。

（二）"人口超载说"

当前，疾速飙涨的世界人口——总量已超70亿且仍在以年均12‰速率递增——时常被列为环境破坏的头号驱动力。联合国经济与社会事务部人口司的统计数据便展示了全球人口的增长历程：1804年世界人口首度突破10亿；其后用了123年达至20亿（1927年）；从20亿增至30亿花了32年（1959年）；在1965—1970期间年均增长率攀升到2.0%历史峰值之后，每增加10亿的年份愈发缩短：分别是15年（1974年，40亿）、13年（1987年，50亿）、12年（1999年，60亿）和12年（2011年，70亿）①。加之，与人类生育数量激增形成鲜明反差的是，地球物种正遭遇着自6500万年前恐龙灭绝以来最大规模的消失，导致人们愈发担心世界生态已经处于灾难爆发的边缘。

学界对人口增长后果的关注早已有之，至少可以追溯到现代人口学先驱托马斯·马尔萨斯。他在1798年出版的《人口原理学》一书中做出过如下著名论断：人口若未加限制会按几何数率倍增（1、2、4、8、16……），而食物供应只能以算术级数缓增（1、2、3、4、5……），后者永远无法赶上前者，这是超历史的普适的人口规律和自然趋势。"人口增殖力和土地生产力之间这种天然的不平等，以及必须始终保持二者的影响不相上下的伟大自然法则，构成了在我看来，似乎是在通往社会可完善性的道路上不可逾越的巨大困难。"②马尔萨斯接着指出，若"推迟结婚"和"道德约束"等预防措施无法有效管控生育，大量繁衍的人类势必会很快耗尽生活资料，并预言诸如饥荒、瘟疫和战争等各种清理多余人口的"积极抑制"手段到时将纷至沓来。

然而，这一悲观结论在19世纪就受到了马克思主义创始人的挑

---

① 数据来源：《2011年世界人口状况报告》第2—3页；《全球环境展望5——我们想要的环境》第6页："表1.1 人口数据，2011年"。

② ［英］托马斯·马尔萨斯：《人口原理》，陈小白译，华夏出版社2012年版，第6页。

战：首先，人口生殖规律决非单一数学模型所能概括。马克思谴责马尔萨斯将人口运动的特定历史规律凭空捏造为放之四海皆准的自然规律，并强调无论从数目大小来看，还是就性质构成而言，以往各时代的剩余人口都与如今迥然不同。在深入考察资本积累过程之后，马克思终于确定了产业后备军累进生产的经济制度根源和相对过剩人口的具体存在形式，从而指认剩余工人的出现“是资本主义生产方式所特有的人口规律，事实上，每一种特殊的、历史的生产方式都有其特殊的、历史地起作用的人口规律。抽象的人口规律只存在于历史上还没有受过人干涉的动植物界”①。其次，生活资料产量增速因科技革新而大幅提升。恩格斯从马尔萨斯对农业生产效率受限的描述中发现了错误，并断言科学进步同人口日增一样永无止境，即使是在当时地球土地资源只开发了三分之一的情况下，只要采取人所共知的改良耕作方法，粮食便可顺利实现五倍以上的增产②。而马克思则以蕨类植物肆意生长蔓衍全球为例，驳斥了马尔萨斯关于植物是按线性比率繁殖的谬论：“很难说马尔萨斯在什么地方发现过，自由生长的自然产物由于内在的冲动，没有外部障碍，就会自动停止再生产。马尔萨斯把人类繁殖过程的内在的、在历史上变化不定的界限，变为外部限制；把自然界中进行的再生产的外部障碍，变为内在界限或繁殖的自然规律。”③ 总之，人口繁殖和谷物产量之间绝不会出现如马尔萨斯所说的惊人差额。第三，理论结果带有浓厚的意识形态色彩。人口增长其实并非马尔萨斯关注的主题，其所要考察的是英国穷人为何越来

① 《马克思恩格斯选集》（第 2 卷），人民出版社 1995 年版，第 256 页。

② 虽然恩格斯的这段论述因有高估科技进步的潜力之嫌而招致生态学家的大量质疑，但他对科学发展的乐观态度并不像马尔萨斯主义关于人口增长的悲观言论那样缺乏理据。且针对马尔萨斯批判的重点在于后者提及的土地生产极限远未达到，直至今天粮食亩产记录仍旧持续刷新着，生活资料呈算术级数递增的臆断已被科技实践证伪。中国在耕地面积总体呈下降态势的情况下，依然能实现粮食增产并养活日益增多的人口（截至 2015 年已实现粮食十二年增），便是最好例证。同时，据《2015 年世界粮食不安全状况》报告显示，发展中国家在过去 20 年里的粮食供应增速已超人口增速，人均粮食供养量得到大幅提高。当然，恩格斯并未就此假定将来科学知识的丰富可以做到完全消除自然限制，相反在其后期著作中倒是敏锐觉察到了技术运用所可能带来的无意识危害。

③ 《马克思恩格斯全集》（第 46 卷下），人民出版社 1979 年版，第 107 页。

越多且该如何应对。他拒绝承认贫穷是圈地运动和工业扩张的后果，而是将“一切贫穷和罪恶的原因”都归结为“人口生来就有一种超过它所支配的生活资料的倾向”[①]。所以，马尔萨斯主张修改济贫法条款，反对援助下层百姓，唯恐伦敦城因穷人大量涌入而激起类似于1787年的法国大革命。至此，他的资产阶级沙文主义心态表露无遗。

时至今日，马尔萨斯的言论虽已广遭诟病，但人们在考查粮食匮乏、草原沙化、滩涂围垦、乱采滥捕和拓荒伐林等问题时，仍愿意将之与人口问题联系起来并笃信：正是如肿瘤般膨胀的人口危及我们自身乃至整个生物圈的存有，使得公地悲剧接连上演，全球生态濒临崩溃。大众之所以能形成如此认知和共识，在很大程度上要归因于现代新马尔萨斯主义的出现。

1. 马尔萨斯人口理论的复活

虽说古典形式的马尔萨斯人口理论早在19世纪中叶就淡出了人们的视野，但它仍不断以新的形态再现。如19世纪末20世纪初，马尔萨斯的人口社会学观点吸引了包括赫伯特·斯宾塞、弗朗西斯·高尔顿等大批优生学者的注目，并伴随社会达尔文主义的风行而重获生机广为传诵[②]。尤其到了20世纪60年代后期，环境学者再次唤醒马尔萨斯主义的幽灵，并为其披上了绿色生态的外衣借尸还魂。其中以保罗·艾里奇、加勒特·哈丁和丹尼斯·米都斯等人最为知名。

1968年，美国生物学家保罗·艾里奇在出版的畅销书《人口炸弹》里罗列了三个标题[③]：第一，“过多的人口”。在该标题下，他对呈指数速率暴增的人口做出了论述和推测。第二，“过少的食物”。他完全赞成马尔萨斯关于人口繁殖和食物生产的矛盾描述，并明确表示自然资源的匮乏将引发普遍饥饿。第三，“垂死的星球”。在此部分中，他将环境元素作为一个额外约束因子加进马尔萨斯公式中，提

---

① 《马克思恩格斯全集》（第1卷），人民出版社1956年版，第617页。

② 参阅［美］约翰·贝拉米·福斯特《生态危机与资本主义》，耿建新、宋兴无译，上海译文出版社2006年版，第140—143页。

③ 参阅［英］乔纳森·休斯《生态与历史唯物主义》，张晓琼、侯晓滨译，江苏人民出版社2011年版，第55页。

醒人们关注环境恶化这一重要变量所可能引致的灾祸。1990 年，在与妻子合著的《人口爆炸》一书中，艾里奇认为人口问题相较于他写作《人口炸弹》时更为严重：如果说当初提出的警告是扼住增长趋势以躲避灾难临头的话，那么今天人口炸弹的导火索已经燃尽并引爆。且人口增速过快对生态系统和人类社会两方面的冲击，是造成我们这个星球动荡不安的主要缘由。①

与《人口炸弹》出版同年，著名生态经济学家加勒特·哈丁的论文《公地悲剧》发表。他将地球环境形象地描绘成公共牧场，每个牧民都为扩大私利而拼命投放牲畜，结果导致公用草场因过度放牧而丧失承载能力。为了规避公用地悲剧的发生，消解自由主义与有限性的矛盾，哈丁提倡践行一种区别于“宇宙飞船伦理”的新伦理观，即“救生艇伦理”。他把公地悲剧比喻为人类置身于一片汪洋之中，漂浮的救生艇数量有限且分为两类，一类是富人乘坐的发达国家的救生艇，另一类是穷人乘坐的发展中国家的救生艇。发达国家的船足以容纳所有成员，发展中国家的船则因人满为患而不堪重负。基于此，哈丁设想了四种情境，并最终做出了发达国家不必施援的抉择。他指出，彻底的冷漠才能换来彻底的正义，任何企图向饥饿人群打开国际粮仓或在富裕国家放开移民政策的举动都将引火上身，唯有忽视穷人的利益诉求才能保障人类“生活在极限之内”。哈丁的这个可称之为有限人口享受无尽自由的极端利己主义方案同马尔萨斯反对济贫法案的初衷如出一辙。

1972 年，作为罗马俱乐部首份研究报告的《增长的极限》以《韩非子》中的一段话开宗明义：“今人有五子不为多，子又有五子，大父未死而有二十五孙。是以人民众而货财寡，事力劳而供养薄”。著者丹尼斯·米都斯等人指出，人口动态行为中正反馈回路的优势骤增，导致了世界人口曲线甚至比指数式增进爬升得更快。鉴于马尔萨斯只考虑了粮食供应所施加的限制，他们在世界模型设计中又添入了

① 参阅［美］保罗·艾里奇、安妮·艾里奇《人口爆炸》，张建中、钱力译，新华出版社 2000 年版，序言第 1—3 页。

非再生资源的有限供给以及地球吸取污染的净化能力等要素。故此，《增长的极限》不仅全面继承了马尔萨斯人口理论的衣钵，而且还被视为扩展版的马尔萨斯主义。

人口剧增确实更直接地向地球环境容量施加了沉重负荷，70亿咋舌数字里蕴含着人类生存所面临的巨大挑战。但脱离具体历史文化情境孤立探究自然极限，片面鼓吹指数型翻涨铸成过冲的可怕结局（如波斯传说“棋盘上的麦粒”、法国谜语“池塘里的睡莲”），刻意炒作人口繁衍与资源紧缺的密切关联，进而把生态危机的症结归咎于人数过剩，则是典型的新马尔萨斯主义。乍眼望去，这与上述那些环境伦理学家视全体人类为“地球的癌症”毫无二致，可只要稍加分析便能发现“人口超载说”的错误导向和险恶用意：现如今，所谓人口爆炸发生在南部国家而非北方地区。各项数据显示，当前以及未来增添的人口绝大多数来自发展中国家，主要发达国家已进入人口零增长甚或负增长状态[①]。因此，若该说成立，那蹂躏自然的责任就不仅应由第三世界承担，而且还要对深受牵连的富裕国家给予赔偿，这岂不荒谬至极？

2. 历史与现实的考察和反驳

回顾历史，所谓的过剩人口现象并非低收入国家独有。西方社会曾在18—19世纪经历过人口井喷[②]，只是率先完成工业化后，其人口出生率才得以逐步回落。它们用侵吞劫掠所积聚起来的原始资本，造就了当下扭曲的国际政经格局，致使负债累累的落后地区只有借出卖自然资源和发展劳动密集型产业才可勉强糊口度日，人口变迁转型

① 数据来源：1. 维基百科 . http：//zh. wikipedia. org/wiki/各国人口自然增长率列表。2. 美国人口咨询局（PRB），2012 *World Population Data Sheet*. p. 5。3.《全球环境展望5》第6页：“表1.1 人口数据，2011年”显示非洲人口净增长率2.4%，高居首位；拉丁美洲和加勒比地区以1.2%紧随其后；亚洲和大洋洲1.1%次之；北美洲是0.5%；欧洲则为零且已出现负增长趋势；而“图1.3 人口密度的变化”也证明，1990—2005年人口密度明显增加的区域主要集中于欠发达国家。

② 马克思和恩格斯在《共产党宣言》中就有过描述，指出资产阶级日甚一日地消灭人口的分散状态并使人口密集起来，大量人口仿佛是用法术从地下呼唤出来的一般。

所需的经济条件以及生态趋向改善的“环境库兹涅茨曲线拐点”[①]尚未达到，庞大的人口基数和失业预备军依旧被继续生产着。于是，全球结构性饥饿人数长期保持高位，广大贫困群体陷入了生态环境持续衰退与经济依附渐次加深的恶性循环之中。所以，只要我们走进历史的深处即能发现：“恰如发展中国家的环境破坏多由西方直接或经由国际市场压力而间接传输过来，第三世界的人口增长实由全球经济的侵略本性挟裹而至，因为全球经济瓦解了原本处于稳态的社会，而且让其无法获得新的平衡。从多方面说，人口增长和环境破坏不过是同一根本疾患的不同表征而已”[②]。这便是贫穷饥馑与生育失控及环境恶化互为表里、相伴而行的真实缘由。

着眼现实，相比人口数量而言，人类行为才是更值得去讨论的议题。因为饥肠辘辘的灾民和挥金如土的富豪对于环境的影响是无法等量齐观的。据统计，目前中美两国能源消费总量大体相当，可美国的人均使用量（6815Kg，2012yr）却是中国的（2，143Kg，2012yr）3倍有余[③]；而卡塔尔的人均生态足迹（Total：11.64gha，2008yr）则比东帝汶（Total：0.45gha，2008yr）多出近25倍[④]。更一般地，最富裕的10亿人消费着世界资源的80%。但是，马尔萨斯主义者却意图混淆因谋求生计而被迫透支环境的边缘人群，同那些为奢侈生活而肆意浪费的强势阶层之区别，不加追问和甄别是何种人口酿成贫穷并戕害地球，从而把生态运动引入歧途。理查德·罗宾斯就从考察艾里奇缘何关注人口问题的视角出发，看清了他为核心国家利益服务的文化意识形态立场：“这种意识形态不仅影响了公众对人口问题的看

---

① 1991年，经济学家吉恩·格罗斯曼和阿兰·克鲁格借用西蒙·库兹涅茨的“倒U型假说”来分析环境质量与人均收入之间的关系。研究表明，环境恶化起初随着收入增长而加剧，当收入水平升至某个拐点或临界点以后，环境污染又由高趋低并逐渐改善。这种环境质量与收入状况呈倒U型动态关系的学说即称作环境库兹涅茨曲线（EKC）。

② ［美］丹尼尔·A. 科尔曼：《生态政治——建设一个绿色社会》，梅俊杰译，上海译文出版社2002年版，第10页。

③ 数据来源：世界银行（WGB），*Energy use（kg of oil equivalent per capita）*. http：//data. worldbank. org/indicator/EG. USE. PCAP. KG. OE/countries/CN-US? display = graph.

④ 数据来源：世界自然基金会（WWF），*Living Planet Report* 2012—*Ecological FootprintIndex.*

法，而且影响了各国政府和国际机构如联合国的相关政策……使我们‘责备受害者’，认为那些遭受所谓人口增长的恶果——饥饿、贫穷、环境破坏和政治动乱——所带来的痛苦的人，本身就是造成这些问题的制造者”①。福斯特更是一针见血地指出，新马尔萨斯主义的真实目的就是“要复活马尔萨斯理论从一开始就强调的主要观点：资产阶级社会和全世界所有关键问题都可归咎于穷人方面的过多生育，并且直接帮助穷人的企图因他们先天倾向罪恶和贫困的秉性而只能使问题更糟”②。这种将芸芸众生曲解成致贫的根由，并看作是人类无法改变的宿命之做法，实际上是想赋予生态学以保守的政治意蕴，为的是给西方社会规避环境责任开启逃遁之门。将生态问题嫁祸于第三世界的超生婴儿和环境难民，分明是既未考虑历史也罔顾现实的强盗逻辑。福斯特最后警醒世人：“就生态圈整体受到威胁而言，要记住这类事情并不是发生在世界人口增长率最高的地区，而是发生在世界资本积累最高的地区”③。简言之，生态劫难根在资本累积而非人数增量。正是资本主宰的全球权力关系招致了人口剧增及相应的环境压力。

（三）“过度消费说”

针对“人口超载说”的失之偏颇，另有学者宣称：“受消费驱动的生活方式比起人口规模来更是环境破坏的根源”④；“广阔的市场和膨胀的需求导致从极地到赤道、从高山之巅到海洋深底的环境破坏”⑤。即是说，问题的症结不在于人口的过量生产，而应划归为商

---

① ［美］理查德·罗宾斯：《资本主义文化与全球问题》，姚伟译，中国人民大学出版社2013年版，第207—208页。

② ［美］约翰·贝拉米·福斯特：《生态危机与资本主义》，耿建新、宋兴无译，上海译文出版社2006年版，第147页。

③ 同上书，第148页。

④ ［美］戴斯·贾丁斯：《环境伦理学——环境哲学导论》，林官明等译，北京大学出版社2002年版，第77页。

⑤ ［美］德内拉·梅多斯、乔根·兰德斯、丹尼斯·梅多斯：《增长的极限》，李涛、王智勇译，机械工业出版社2006年版，第244页。

品的无度消费。眼下的后工业社会，与高新技术研发和第三产业崛起相伴而生的，是爱慕虚荣、炫富斗阔、物欲放任等恶劣风气的滋长蔓延。2001 年，中国社科院在京津两地调查居民日常生活消费时发现，500 份问卷中竟有多达 77.3% 的人具有明显的消费至上倾向。十余年后的今天，层出不穷的各类炫富更是将消费主义思潮演绎到极致。最骇人听闻的是，在世界时尚潮流的汹涌冲击之下，一些国人尤其是年轻人群的价值底线纷纷失守，为了追逐奢侈品接连导演了数起“卖身（割肾、援交）换购”的极端案例。

恰是这种醉心于攀比享乐的消费迷狂，挥霍了太多资源并排泄了大量废物，从而摧毁了人类赖以存续的环境依托：私家车的尾气招致了雾霾锁城，贵妇们的衣饰残杀了珍禽猛兽，餐桌上的发菜引发了土地沙化……世界观察研究所的艾伦·杜宁也表达了同样的看法。他尖锐地指出，“从全球变暖到物种灭绝，我们消费者应对于地球的不幸承担巨大的责任。然而我们的消费却很少受到那些关心地球命运的人们的注意，这些人注意的是环境恶化的其他因素。消费是在全球环境平衡中被忽略的一个量度”①。如此说来，生态治理似乎应聚焦劣迹昭彰的消费领域，省思畸形异化的丰盛社会。

1. 病态扭曲的丰裕社会

丹尼尔·贝尔在《资本主义文化矛盾》书中指认，资本主义有双重起源：其中一重已经人尽皆知，即马克斯·韦伯突出强调的“禁欲苦行主义”②；另外一重却长期遭到忽视，是维尔纳·桑巴特于《现代资本主义》里着重阐述的“贪婪攫取性”。贝尔通过追索它们的演化轨迹发现，禁欲苦行和贪婪攫取这对冲动力早在资本主义诞生之时就已锁合在一起。前者代表着资产阶级精打细算的谨慎持家精

---

① ［美］艾伦·杜宁：《多少算够——消费社会与地球的未来》，毕聿译，吉林人民出版社 1997 年版，第 36 页。

② 马克斯·韦伯在名著《新教伦理与资本主义精神》里，详尽探讨了宗教观念（新教伦理）同隐匿于资本主义兴起背后的心理驱力（资本主义精神）之间的关系。他认为正是新教入世禁欲主义伦理——严谨敬业的自我约束和物质财富的执着追求——促成了以理性生产和商品交换为特征的西方资本主义文明的发展。

神；而后者展现出经济技术领域的浮士德式骚动激情。二者的耦合交织共同形构了现代理性观念。在资本主义上行阶段，这两股力量依然纠葛难分：禁欲造就了资产者刻苦兢业、缜密规划的经营风范；贪婪则培育了他们开拓边疆、征服自然的雄心壮志。但伴随财富原始积累的完成及生产交换方式的革新，资本主义文化中原本相互制约的两组基因只剩下经济冲动力，另一平衡扼制要素已从基因链条上剪除。由此，西方文明在挣脱宗教道德规约的绳束后，先劳再享、惩戒华侈的节俭习惯旋即被超支购物、信用消费的奢靡风气取而代之，经济冲动力如脱缰野马盲目冒进，摘去了世间万物的神圣光环，及时行乐的生活理念彻底泛滥①。

尤其是后福特主义即资本主义高度工业化的完结，打造出了“被物包围的世界”。浸淫其中的人们开始疯狂购物、举债消费，早先“够了就行”的文化意涵迅疾转换为“越多越好”的价值理念——安德烈·高兹在《经济理性批判》中，将前资本主义社会到资本主义社会消费观念的转变概括为由“够了就行”到“越多越好”的演进过程。他指出，在前资本主义社会，人们的劳动行为主要是为了维持基本生活需要，因而遵循的是适可而止、知足常乐的文化信念；但随着资本主义的发展，人们的生产实践不再是单纯满足生存需求，而是意欲最大化实现市场交换的剩余价值，奉行效率核算原则的经济理性遂得以盛行。在这全新理念的规训之下，消费似乎成了撬动人类生存的支点，物质充裕的消费社会由此真正降临。该社会与众不同的特征是，“它所要满足的不是需要，而是欲求。欲求超过了生理本能，进入心理层次，因而它是无限的要求”②。赫伯特·马尔库塞则把“欲求”称作“虚假的需要”。在他看来：“现行的大多数需要，诸如休息、娱乐、按广告宣传来处世和消费、爱和恨别人之所爱和所

---

① ［美］丹尼尔·贝尔：《资本主义文化矛盾》，赵一凡、蒲隆、任晓晋译，生活·读书·新知三联书店1989年版，第12—14、27—30页。

② 同上书，第68页。

恨，都属于虚假的需要这一范畴之列”①。当“欲求”或者说“虚假的需要”被持续性生产并系统化加以满足时，用来迎合全球消费者的生产行为便“在社会的以及由生活的自然规律所决定的物质变换的联系中造成一个无法弥补的裂缝”②。而流通领域的环球供给线也在它们所过之处给生态自组织系统留下了经久难愈的伤痕；与此同时，物质消费的过度彰显导致了精神生活的彻底隐匿，人们把衣食住行视作唯一的终极目标去追求，其与动物之间质的差异变得愈发模糊。“‘征服自然’这种原来还显得‘积极进取’的意识形态已经蜕变为‘吃掉地球’式的得过且过的集体无意识。”③ 不仅如此，索取无度的消费方式还损害到了人身自然。现代社会诸如三高症、心脑血管病甚至肿瘤癌症等多种疾患，都同过量摄入垃圾食品或是人为物役的生活压力密切相关。

总之，消费驱动的丰盛社会正迅速蚕食着我们的生存空间，人类和自然互相联结的命运仿佛共系于每一个消费者手上。而拯救的办法便是修持心念体悟“孔颜之乐”，审读人性颂扬极简生活，重新肯认传统文化崇俭黜奢的谆谆教诲④。

2. 消费主义出场的根由

表面看来，解决生态危机应从生产领域转移到消费领域中展开。但实际情况却非这般简单直观，仅靠树立正确的消费观与幸福观还远远不够。马克思早就指出，“在文化初期，已经取得的劳动生产力很低，但是需要也很低，需要是同满足需要的手段一同发展的，并且是依靠这些手段发展的。”⑤ 即是说，需要是历史地形成的，是依靠满足需要的手段逐渐发展起来的。消费和生产并非天然同一，消费欲始

---

① ［美］赫伯特·马尔库塞：《单向度的人——发达工业社会意识形态研究》，刘继译，上海译文出版社 2008 年版，第 6 页。

② 《资本论》（第 3 卷），人民出版社 2004 年版，第 919 页。

③ 李晓江、邹成效：《环境问题、自然伦理与技术发展的方向——解读默里·布克金的社会生态学》，《常州大学学报》（社会科学版）2010 年第 4 期。

④ 见［美］艾伦·杜宁《多少算够——消费社会与地球的未来》，毕聿译，吉林人民出版社 1997 年版，第 107 页，“表 10－1 世界的宗教和主要文化对消费的教导”。

⑤ 《马克思恩格斯选集》（第 2 卷），人民出版社 1995 年版，第 218 页。

终受制于或滞后于生产力，消费者所选择的只能是业已产生了的商品服务。我们难以想象，远古先民在炎炎夏日有购买空调的吁求，出门远行会有乘坐飞机的渴望。时下俯拾皆是的主导性消费景象在匮乏社会更从未有之。只是到了近现代，工业资本促成的大生产模式——生产线的海量投产和泰勒制的科学贯彻——使得消费相对不足现象日益凸显，占统治地位的社会财富表征为“庞大的商品堆积”。资本主义再生产图式因此愈发难以闭合，客观上亟须流通领域去实现所生产商品的潜在价值，而实现的前提便是消费与生产之间必须相互适应。这种对应性不仅体现在价值总量上，而且还反映于产品结构中。不难设想，假如生产方所提供的只有平板电脑，而消费者想购买的却是智能手机。尽管两个物件从价格总量看大体持平，即消费者的购买力与待售产品的潜在价值等同，但这种情况下的再生产循环显然依旧无法得到保障。因此，要想顺利实现剩余价值就须不断突破现有的消费数量、范围以及种类的限制：“生产相对剩余价值，即以提高和发展生产力为基础来生产剩余价值，要求生产出新的消费；要求在流通内部扩大消费范围，就象以前［在生产绝对剩余价值时］扩大生产范围一样。第一，要求扩大现有的消费量；第二，要求把现有的消费推广到更大的范围，以便造成新的需要；第三，要求生产出新的需要，发现和创造出新的使用价值”①。于是，“生产和消费的辩证法决定了资产阶级必然要在全社会范围内宣扬消费主义价值观和生存方式，从而导致了人们消费伦理的转换和消费主义价值观的盛行”②。就这样“不消费就衰退”的神话被编织出来并灌输给了广大民众。

而今，在消费社会已被普遍接受的常识是，不管刺激消费对于人类和环境造成何种后果，我们都必须将它视为保障充分就业和市场活力的一个至关重要的国家方针来追求。“9.11 事件”发生后，美国官员首先做的一件事就是鼓励市民勇敢走出家门去商场购物。而近年来，拉动内需已俨然成为我国解决经济下行的一剂良方，电商更是频

---

① 《马克思恩格斯全集》（第 46 卷上），人民出版社 1979 年版，第 391 页。

② 王雨辰：《生态批判与绿色乌托邦——生态马克思主义理论研究》，人民出版社 2009 年版，第 179 页。

繁造节打折促销（“520”、“818”、“双11”），在全民消费狂欢中赚得盆满钵盈，甚至连“3.15”维权日也被商家炒作成促销节。简言之，为保障资本扩增的机器顺畅运转，消费的对象、方式以及动力被一齐规划进目的性生产之内，社会需求的表达形态和满足方法也就成了服膺于资本市场积累机制的产物。所以归根结底，不是贪念催生开销，而是生产诱导消费！丰裕社会虽有“消费之实”，却仍具“生产之质”，它只是资本工业王国生产本位主义的全新变种和吸收过剩产能实现财富升值的重要环节。

马尔库塞立足于政治意识形态将真实的需要与虚假的需要加以区别，并认定当下绝大多数的需要都是虚假需要，即“为了特定的社会利益而从外部强加在个人身上的那些需要，使艰辛、侵略、痛苦和非正义永恒化的需要”①。换句话说，它充当的是发达工业文明为了额外压抑和有效窒息人们追求真实需求所精心打造的替代品。我们不妨拿孩童的需求举例说明：孩子在成长过程中对体育运动和交友嬉戏的需求十分旺盛，可由于娱乐场所稀缺及住房空间狭小，他们这方面的需求受到了制约。为了填补这一缺失，电视电脑等便自然而然地替换了那些本应开展的户外活动。如今少年儿童中近视、肥胖和自闭的比例陡增，与此有莫大的关联。而之所以敞开供应电视节目和电子游戏，原因是按照资本市场的教规，它们显然比拿出不可再生且价值不菲的土地空间更易于达成收益最大化的指标。所以，该例反映出一个非常普遍的现象：尽管许多消费行为饱受批评，但只不过是其他愿望的替代品，是现有生产生活条件造就的结果。威廉·莱斯站在生态学视角指出，当今市场经济社会注重以商品化的方式来实现需求，“鼓励所有人都把消费活动置于日常关注的中心，同时在每个已获得的消费水平上加强不满足感”。正是这“根植于现行社会本质里的永不餍足的消费欲望，意味着征服自然既没恒定的目标，也无内在的终点”②。丹

① ［美］赫伯特·马尔库塞：《单向度的人》，刘继译，上海译文出版社2008年版，第6页。

② ［加］William Leiss，*The limit to Satisfaction*［M］. London：McGill-Queen's University Press，1980：100，38.

尼尔·A. 科尔曼强调，在资本主义世界里，消费行为从来不是充分自治的需求满足，而是受生产范畴规约的他律消费。“在许多情况下，留给消费者的选择空间不过是在同样危害环境的诸种方案中做出选择而已。”[①] 例如，消费者只能购买到添加激素饲养而非自然喂食的农副产品；采用塑料灌装而非玻璃贮存的果汁饮料；依赖化学合成而非生物降解的洗涤制剂等等。因而，与其说民众在挑选商品，还不如说公司在择取利润。消费者和他仰赖的生态系一样，均只是资本攫利的受害者。戴维·佩珀坚持马克思主义关于社会存在决定社会意识的命题，主张“一种历史唯物主义的对资本主义的社会经济分析表明，应该责备的不仅仅是个性‘贪婪’的垄断者或消费者，而是这种生产方式本身：处在生产力金字塔之上的构成资本主义的生产关系”[②]。正因为该生产方式是为了迎合资本积累的无尽欲求而非使用价值的有限制造，才致使社会上层建筑持续地吞噬着支撑它的资源基础，并全方位地表现出对自然环境的不友好。詹姆斯·奥康纳则反对主流经济学家将第Ⅱ部类的资本对第Ⅰ部类的产品[③]的需求称为“派生性需求”，即这种需求视个体消费者购买终极产品的情况而定。他认为在现实生活中情况正好相悖，“对消费品的需求是由对资本货物的需求，或者说对利润的需求所‘派生’出来的。一般而言，消费者收入（以及由此而来的需求）的增长率是由利润和积累的增长率所决定的——消费者的需求在经济增长模式中是被动的、而不是主动的和易变的”[④]。并且针对反消费主义的环境论者关于消费需求构成同消费支出增长的不同经济原因和生态后果之问题上的含混不清，进行了区分比较。最后得出结

---

① ［美］丹尼尔·A. 科尔曼：《生态政治——建设一个绿色社会》，梅俊杰译，上海译文出版社 2002 年版，第 42 页。

② ［美］戴维·佩珀：《生态社会主义：从深生态学到社会正义》，刘颖译，山东大学出版社 2012 年版，第 105 页。

③ 在关于资本主义再生产的理论模式中，马克思把社会生产划分为生产资料生产和消费资料生产两大部类。前者（第Ⅰ部类）生产的是货物资本，受利润欲求度所支配；而后者（第Ⅱ部类）生产最终消费产品，由消费需要量所规制。

④ ［美］詹姆斯·奥康纳：《自然的理由——生态马克思主义研究》，唐正东、臧佩洪译，南京大学出版社 2003 年版，第 288 页。

论：正是脆弱的资本主义市场敦促企业通过尽快销售商品，降低周转时间以保证利润的兑现，才造成消费社会普遍化以及生态破坏加剧化的状况如影随形，作为消费社会基础的商品形式自然也就充分体现在了资本制度和大众意识之中①。例如，对汽车这一耐用品的消费需求很大程度上是由城乡总体规划决定的，因为消费者的工作场所、居住地点及娱乐设施的空间分布是彼此分离的；而消费支出的增长同污染累积/资源损耗之间的关系变量更是在于资本利润率所决定的薪酬上涨量。福斯特的看法更是简明扼要、一语中的："成为环境之主要敌人者不是个人满足他们自身内在欲望的行为，而是我们每个人都依附其上的这种像踏轮磨坊一样的生产方式"②。消费个体不是引致环境浩劫的罪魁祸首，整个生产体系才更应为此埋单担责。"需求和消费实际上是生产力的一种有组织的延伸"，资本主义"生产企业控制着市场行为，引导并培育着社会态度和需求"③。它们通过调控市场及操纵传媒去撩拨提振人性占有欲并不遗余力地制造消费级差，进而把不同层次的多元需要通约为可统一度量的感官满足，最终将人类对美满生活的向往牵引到欲壑难填的虚假消费之中。

自20世纪以来，美国通过借助市场营销与广告革命、社会组织的功能转型、知识和价值观念的改变，以及时空形塑与阶层建构等途径和措施，成功实现了对人们购买习惯的改造，从而大大刺激了消费。今天，美国用来建构消费者的这些工具和手段，也在中国、印度等诸多国家发挥着同样重要的作用。因此，在当下这一制度化的欲望生产体系中，若是割裂同资本生产的关联，单凭扬弃消费异化以挽救生态颓势的做法，注定会走上舍本逐末的乌托邦道路。

与此同时，过度消费又是和资本主义的异化劳动勾连在一起的。

---

① 参阅［美］詹姆斯·奥康纳《自然的理由——生态马克思主义研究》，唐正东、臧佩洪译，南京大学出版社2003年版，第323—329页。

② ［美］约翰·贝拉米·福斯特：《生态危机与资本主义》，耿建新、宋兴无译，上海译文出版社2006年版，第37页。

③ ［法］让·鲍德里亚：《消费社会》，刘成富、全志刚译，南京大学出版社2000年版，第67、61页。

"异化劳动使人自己的身体，同样使在他之外的自然界，使他的精神本质，他的人的本质同人相异化。"① 在这样的"劳动中缺乏自我表达的自由与意图，就会使人逐渐变得越来越柔弱并依附于消费行为"②，从而越过商品需求的合理边界达至浮奢浪费的境地。即是说，民众为了排解或宣泄繁重枯燥、高度紧张且薪酬不足的劳动过程所带来的挫折与苦楚，只得寄托于闲暇时间的消费活动去确证自我的存在并获取自由的体验。故而，效仿上流阶层消费奢侈品也就成为标识炫示等级阶层、品位格调及幸福意愿的首要参数和慰藉方式。今天添购商品已不再着眼于衡量物质形态层面的使用价值，更看重的是关涉文化象征和符号意蕴的表达过程，是消费者实现自我身份认同的关键渠道。由此，消费行为便被赋予上本体论意义，对物的占有成了不可让渡的权利。"人们似乎是为商品而生活。小轿车、高清晰度的传真装置、错层式家庭住宅以及厨房设备成了人们生活的灵魂"③。总之，病态的消费模式不仅是异化劳动合乎逻辑的对应现象和补偿机制，还因视异化劳动为物质丰饶的必要条件而反向支撑和强化了后者的合法性，进而造成了更大规模的污染增长与资源耗费。二者在持续的恶性循环中不断复制自身，内在地统一于资本逻辑支配下的生产方式，最终营建出当下危情四伏的充裕社会。

当今社会庞杂的需求体系"是生产体系的产物"，"是作为消费力量，作为更大的生产力范围里总体的支配性而出现的"④。人绝非生性贪婪自私偏好纵欲，是以财富聚敛为快乐旨趣的经济体制使其沾染所致。消费主义的滥觞亦非社会心理触发的结果，而是资本扩张助推的产物。正如《资本主义文化与全球问题》作者罗宾斯所指出的，若不追问人们是如何转成消费者，以及奢侈品是怎样变为必需品，就

① 《1844年经济学哲学手稿》，人民出版社2000年版，第58页。

② ［加］本·阿格尔：《西方马克思主义概论》，慎之等译，中国人民大学出版社1991年版，第493页。

③ ［美］赫伯特·马尔库塞：《单向度的人——发达工业社会意识形态研究》，刘继译，上海译文出版社2008年版，第9页。

④ ［法］让·鲍德里亚：《消费社会》，刘成富、全志刚译，南京大学出版社2000年版，第65页。

无法把握生态问题的实质。他在深入考察食糖生产与牛肉产业的历史后发现，是企业生产商的逐利冲动驱导着消费者购置特定食物，并形塑了人们的日常饮食结构。此外，消费者对其他商品的大量损耗及由此给环境带来的不利影响，亦都与资本主义经济和社会政治因素密不可分。更确切地说，“人们的消费偏好主要是由资本主义文化建构的，而且往往是服务于资本积累的过程。资本主义消费模式会损害环境，并非是一种自然现象，而是由资本主义文化导致的”①。所以，停留在经验层面去批判日常消费的生态影响，就如同小说家弗兰茨·卡夫卡笔下土地测量员 K 的经历一样徒劳和荒诞——他绕着城堡转圈却不得其门而入。因此，若不能廓清制度性欲望生产体系的建构过程和“大量生产—大量消费—大量废弃”的结构性联系，就无法有效遏止扭曲畸形的异化消费，阻滞自然环境的灾变加剧。

（四）“科技原罪说”

卡逊于 1962 年在《寂静的春天》这部醒世之作中，讲述了 DDT 等化学药剂对生物环境的危害，真正拉开了批判科学技术的序幕。如今，越来越多的环保组织断言，并非消费文化的泛滥，而是技术理性的猖獗祛魅了自然。肇始于 18 世纪中叶的工业革命，凭借科技变迁的日新月异，人们驯化环境的本领得以显著提高，所创造的生产力远超过去一切世代的总和。人类的足迹不仅遍布地球各处，而且还把脚印留到了浩渺太空。然而，正当我们陶醉于征服自然界的空前胜利，沉浸在科学万能迷思里沾沾自喜之时，生态危机这个幽灵却不期而至，四处游荡。公众开始抱怨技术创新造成的困扰：塑料制品因带来难以降解的白色污染而被评为“最愚蠢的发明”；克隆和遗传工程因无法预见的负面效应引发了广泛担忧；核能应用更因多起重大核泄漏事故遭到了抵制抗议……近些年炒得沸沸扬扬的转基因食品便是一例。2008 年，美国一家企业机构在中国湖南某地选取了多名 6—8 岁

---

① ［美］理查德·罗宾斯：《资本主义文化与全球问题》，姚伟译，中国人民大学出版社 2013 年版，第 323 页。

的健康儿童试食转基因“黄金大米”，成为“实验白鼠”的儿童及其家长却毫不知情。该事件直到2012年才被曝光，一时招致公众舆论和绿色和平组织的强烈谴责。2013年9月，两位名人掀起网络骂战，转基因食品的安全性话题再度被推至风口浪尖。孰是孰非暂且不论，但人们对未经时间考验和尚存潜在风险的转基因食品急于搬上餐桌所表达出的种种质疑和担忧，无疑是正确的。而孟山都、杜邦统领的跨国生物公司通过研发“终结者”技术，可使得用转基因种子培育出的植物丧失繁殖功能，从而实现控制全球种子供应和整个食物链之目的，这引起了科学界和政府决策层的重视。

1. 科技进步引致环境衰退

前工业社会，人们通常对技术和艺术不作严格区分，技艺与其紧邻的自然环境息息相关，并深植于当地社群文化和道德生活之中，故而保有整体主义的生态敏感度。但在经历了培根、伽利略、牛顿和爱因斯坦时代的科学革命过后，技艺的物活论自然观逐渐被机械论世界观和还原论分层法耗散殆尽。生态女性主义奠基人卡洛琳·麦茜特，将机械论替代有机论的自然观变革称作“自然之死”：“关于宇宙的万物有灵论和有机论观念的废除，构成了自然的死亡——这是‘科学革命’最深刻的影响。因为自然现在被看成是死气沉沉、毫无主动精神的粒子组成的，全由外力而不是内在力量推动的系统，故此，机械论的框架本身也使对自然的操纵合法化”①。随着机械技术取代有机技艺，以及科学范式不断转换更迭，科技创新再不是着眼于宽泛的伦理框架内的审慎操作，而是投入生产环节唯效率是从。由此，资本主义终结了相对稳定的封建宗法时代，割断了捆缚技术发展的文化羁绊，也就迎来了财富积累压倒一切的躁动社会，从此再无一束数学上的渐近线能限定资本经济的运行轨迹。

许多学者坚持认为，科技固然是创造了前所未有的物质文明，但也为瞬时毁灭地球提供了高能武器。作为联结经济效益和环境污染的

① ［美］卡洛琳·麦茜特：《自然之死——妇女、生态和科学革命》，吴国盛等译，吉林人民出版社1999年版，第212页。

重要环节，技术设计一经投产便由解放的力量转而成为解放的桎梏，大大增加了人类生存的不安全感。哲学家马丁·海德格尔就视现代技术为框定一切的“座架”（Ge-stell），摆置着人，即促逼着人以订造方式把现实当作持存物来解蔽，自然世界于是成了整齐划一的可资利用的“上手之物”。与之相伴，存在也一道被纳入这个刻板性结构内，只能以存在者的形式显露。概言之，技术座架不仅令自然难逃厄运，而且也使“此在”沉沦异化无家可归。结果便是，无论人之人性还是物之物性都被生产成了具有市场价格标签的消费品。生物学家巴里·康芒纳的观点颇具代表性，他将引起生态圈恶化的显要原因归纳为一个叫做“IPAT”的公式①，其中生产技术相较于人口因素或富裕问题而言对环境影响的贡献最大，占污染总量近一半。通过考察农业生产、合成物质、汽车发明等新技术运用对环境的破坏，康芒纳笃定环境危机正是自二战以来技术增长失控的必然后果：“技术圈现在已经强大到能够改变主宰生态圈的自然过程的程度。而被改变了的生态圈又反过来会淹没大城市，干枯美丽的农场，污染我们的食物和水，毒害我们的身体——一言以蔽之，会灾难性地减弱我们获取基本生活必需品的能力。人对生物圈的攻击已经引发生态圈的反击”②。物理学家弗·卡普拉则说道：“空气、饮水和食物的污染仅是人类的科技作用于自然环境的一些明显和直接的反映，那些不太明显但却可能是更为危险的作用至今仍未被人们所充分认识。然而，有一点可以肯定，这就是，科学技术严重地打乱了，甚至可以说正在毁灭我们赖以生存的生态体系”③。科考家雅克·皮卡德更略带偏激地指出：“我们现在所‘津津乐道’的技术，除了广泛地造成自杀性的污染以外

---

① “IPAT”，系由美国生态学家巴里·康芒纳、保罗·艾里奇和约翰·霍尔德伦等人于20世纪70年代辩论敲定的旨在测度环境压力的公式。该公式表明，环境负荷（Environmental Impact）跟人口规模（Population）、富裕程度（Affluence）和技术水平（Technology）共三个变量成正比，即：I = P × A × T。

② ［美］巴里·康芒纳：《与地球和平共处》，王喜六、王文江、陈兰芳译，上海译文出版社2002年版，第5页。

③ ［美］弗·卡普拉：《转折点科学·社会·兴起中的新文化》，冯禹等编译，中国人民大学出版社1989年版，第16—17页。

就没有什么其他的东西了。它是一种灾害，不仅影响到我们所呼吸的空气和我们所饮用的水，而且也影响到我们所耕种的土地和我们了解很少的外层空间。但这一切，最悲惨的还是现在隐伏在人们身体中的化学物品对人类所造成的污染。”① 总之，在他们看来，科技的突飞猛进非但没有让人类摆脱自然的暴戾和苦役的强制，反倒成了世界性生产无序、社会动荡与环境退化的加速器，并使原本代谢恒常的生态循环系统变得岌岌可危。如此说来，拯救之道似乎只有两条：要么拒斥先进技术，否弃现代文明，回归田园牧歌以实现生态自我修复；要么保持科技发展，罔顾风险评估，继续盘剥自然而容忍公害再三发生。

2. 导致逆生态效应的元凶

诚然，诸多环境公害事件身后都藏匿着科技成长的阴影。可难道科学进步就不可避免地会突破生态红线，引致无法挽回的环境衰竭？“新技术是一个经济上的胜利——但它也是一个生态学上的失败”②？马克思主义者显然并不满意这种非此即彼的草率结论。针对技术本身的无端指控，他们主张：若要准确定位科技的生态和人类学后果，便不能离开孕育它的生产交换关系与社会制度架构去进行表浅的探讨，否则只会再度上演19世纪伊始勒德分子捣毁机器的闹剧。科技是柄双刃剑，交织着天使和魔鬼两股力量，既可造福人类，亦能招引祸患。故而，不应把环境问题看作是技术固有缺陷所致，而要反对科学的资本主义运用。

法兰克福学派领军人物马尔库塞认为，同资本筹划的联姻以及政治意图的掺入，当前的技术已然化身为戡天役人的逻各斯。“在现存社会中，越来越有效地被控制的自然已经成了扩大对人的控制的一个因素：成了社会及其政权的一个伸长了的胳膊。商业化的、受污染的、军事化的自然不仅从生态的意义上，而且也从生存的意义上缩小

---

① 转引自［美］莫里斯·戈兰《科学与反科学》，王德禄、王鲁平等译，中国国际广播出版社1988年版，第28页。

② ［美］巴里·康芒纳：《封闭的循环——自然、人和技术》，侯文蕙译，吉林人民出版社1997年版，第120页。

了人的生活世界"[①]。因此，务必要把技术从以圈钱盈利为旨趣的资本生产中解救出来，将其转变成遵奉环境友善和激发自由潜能的"后技术合理性"。他的弟子莱斯在代表作《自然的控制》里强调，诅咒科技是"错把征兆当作根源"，"现代科学仅仅是控制自然（the domination of nature）这一逐渐广为人知的更为宏大谋划的有利工具"[②]。正是由于特殊统治集团意欲推广规模经济更好、中央控制更易的技术，才使得科学不仅沦为量化自然和资本逐利的标尺，还成了奴役人身和加剧冲突的中介。而在哈贝马斯看来，今天的科学技术拥有双重属性：一方面被资本形塑成第一生产力。随着技术控制手段的丰富，工具理性的效率狂热僭越到整个生态圈，实现了对自然环境的切割宰制；另一方面又执行起意识形态职能。科学的价值中立荡然无存，实证主义的思维方式侵蚀进价值领域中，蜕变为对生活世界的全面压抑。安德烈·高兹的看法则更进一步，他提出了现代技术类型须经资本严格筛选的见解：资本主义只愿推行与其发展路径和统治律令相符的技术，并致力于清除那些虽格外合乎生态理性却无法强化现存社会关系的技术。可以显见，资本主义的生产交换方式已经渗透在由它馈赠给我们的技术之中[③]。所以，高兹主张废除这种具有独裁政治和官僚资本倾向的集中型技术，并极力推崇建立一种服从民主控制旨在开发再生能源的分散型技术。奥康纳对此表示赞同，他于《自然的理由》"技术与生态学"一章中写道："在现代资本主义社会，资本密集型技术，如核技术所典型反映出的，要比劳动密集型技术具有更大的生态危害性，这种技术类型现在已成为一种普遍原则"。当然"与资本在工厂中对技术的那种配置和运用方式——目的是为了控制劳动和生产剩余价值及利润——相比，也许技术本身不应受到更多的指责"。因为决定性因素植根于资本主义关系，是"资本主义生产关

① ［美］H. 马尔库塞：《反革命和造反》，H. 马尔库塞等著，任立编译：《工业社会与新左派》，商务印书馆 1982 年版，第 128 页。

② ［加］威廉·莱斯：《自然的控制》，岳长岭、李建华译，重庆出版社 2007 年版，序言第 3、4 页。

③ ［法］André Gorz. *Ecology as Politics*［M］. Bosten：South End Press，1980：19.

系所采用的技术类型及其使用方式使得自然以及其他的一些生产条件发生退化”。[1] 作为生态马克思主义集大成者的福斯特，更直截了当地把技术解读为资本的权杖，二者的契合共谋给环境造成了史无前例的创造性破坏。他阐述说，正因为在现行制度下开发选用何种技术，只是出于资本积累需要而非环境保护诉求，才导致了技术逆生态效应的凸显，武断将玷污环境的罪责推至科技身上如同战后审判武器一样不着边际。在发达资本主义经济体中，通过挥动技术魔杖改善自然环境的方式主要有降低单位生产能源消耗以及择取贻害较小的替代技术两种。但在当前社会关系下，这只不过是将整个生产体制连同非理性的浪费和剥削进行了升级换代而已，依旧无力逆转世界范围内的环境危机。技术对自然的消极影响实则完全由资本主义生产方式及其衍生的社会文化意识形态掌控和驾驭着，单纯希求引导技术改良去解消环境危机的思路注定是行不通的。

正如马克思所言，科学决非自为合理的形而上学本体，它只是资本生产所创造出的普遍有用性体系的体现者；而在资本垄断下取得的技术成果，更是以人类道德的败坏和自然生态的荒芜为代价换来的。“如果说以资本为基础的生产，一方面创造出一个普遍的劳动体系，——即剩余劳动，创造价值的劳动，——那么，另一方面也创造出一个普遍利用自然属性和人的属性的体系，创造出一个普遍有用性的体系，甚至科学也同人的一切物质的和精神的属性一样，表现为这个普遍有用性体系的体现者，而且再也没有什么东西在这个社会生产和交换的范围之外表现为自在的更高的东西，表现为自为的合理的东西。因此，只有资本才创造出资产阶级社会，并创造出社会成员对自然界和社会联系本身的普遍占有。”[2] 所以归根到底，科技应用与环境破坏是因资本对利润的贪婪追逐才被同构在了一起，追索危机缘由终须拷问资本逻辑。

---

① ［美］詹姆斯·奥康纳：《自然的理由——生态马克思主义研究》，唐正东、臧佩洪译，南京大学出版社 2003 年版，第 328、327、331 页。

② 《马克思恩格斯全集》（第 46 卷上），人民出版社 1979 年版，第 392—393 页。

三　“四因说”背后的共同所指：“资本逻辑”

“哪里有危险，哪里就有救渡！”荷尔德林的诗句表征了人类生命不甘堕落的本真特质，而以上四类代表性观点正是对此的充分彰显和努力回应。无可否认，支配意念泛滥、人口繁衍失控、技术胡作非为与消费群体贪婪等说法都从不同侧面揭示了自然灾变的发生机制，也于不同程度上深化了对恶劣局势的实质解答，进而为消弭生态危机做出了极富启发性的理论贡献和实践探索。但遗憾的是，它们在寻找解决措施的过程中，却企图剥离身处的特定历史境遇，独断地以为各自皆已达至对环境问题的终极认知，并孤立地由实证分析角度切入重建方案的具体运作。结果可想而知，这些形形色色的思想主张相继失败，行动预案亦均告破产。

面对愈演愈烈的生态危机，我们亟须突破既有诠释框架校准批判的主题方向，立足历史唯物主义视阈去检审自然环境的历史变迁，这样才有望避免再次陷进按葫起瓢的尴尬窘境，彻底跳出“边治理边污染”的恶性循环。而“所谓彻底，就是抓住事物的根本”[①]，即捕捉到“四因说”表象背后是其所是的规定性，直击引致人地冲突的罪魁祸首。

（一）批判主题的转换：多元视角的聚焦

尽管已牢牢定格在公众意识里的上述论点包含着某些真理性因素，但因其反思理路囿于经验主义的感性直观，故而在追讨环境责任时注定是肤浅乏力的。诚如福斯特所言，“全世界的自然科学家虽然做了大量努力来警示我们人类和地球所面临的危机，但却没有足够的能力认识到问题的根源（甚或无法认识到危机的严重程度），因为他们大都没有深入探究生态危机背后的社会问题。危机的原因需要超出生物学、人口统计学和技术以外的因素做出解释，这便是历史的生产

① 《马克思恩格斯选集》（第1卷），人民出版社1995年版，第9页。

方式，特别是资本主义的制度。……正像汉斯·马格努斯·恩岑贝格尔指出的那样，由于对社会因素及其对生态可持续性的关系缺乏认真思考，主流环保主义者，包括大多热心关注环境的科学家，其观点经常弥散着牧师布道的气味，‘预示未来灾难的恐惧与劝说逃避灾难的温和形成了鲜明对照’。”[①] 更关键的是，仅仅诉诸革新价值观念、节制人口规模，抑或是重置购物方案、降低技术风险，都会有意无意地淡忘、阻滞甚至屏蔽索解生态危机的根本性理论视野。“批判的武器当然不能代替武器的批判”[②]，离开了对造成危机的社会生产方式的考察和扬弃，生态问题就永无完结之日。生态马克思主义者正是坚持贯彻了该原则——即从对“副本”的批判转向“原本”的批判，“在尘世的粗糙的物质生产中”探源危机——才终于取得了如下共识：生态问题的全面爆发与资本时空拓延之间具有内在关联性和高度同步性，肇事者乃资本逻辑主宰下的生产方式和社会制度。《生态社会主义宣言》和《贝伦生态社会主义宣言》两份纲领性文件的起草者迈克尔·洛威的话很具代表性，他指认生态危机起因于世界资本主义体系，该体系疯狂扩张的非理性逻辑和工业化进程，应当为人类陷入生存窘境负责。

资本逻辑对生态危机的缘起负有不可推卸的原罪责任，这可通过简要回顾生态崩溃演进史得到佐证。在蒙昧时期，原始初民靠渔猎采集维生，这种全然仰仗上天恩赐的生活方式对自然环境几无影响。“自然界起初是作为一种完全异己的、有无限威力的和不可制服的力量与人们对立的，人们同自然界的关系完全像动物同自然界的关系一样，人们就像牲畜一样慑服于自然界”[③]，因此生态问题还无从谈起。迈入文明社会，生产工具的发明使得人类干预周围世界的破坏力量渐趋增强，环境巨变引发文明消逝的事件在各大陆相继出现。不过，自给自足的农耕经济决定了“人的生产能力只是在狭窄的范围内和孤

---

① ［美］约翰·贝拉米·福斯特：《生态危机与资本主义》，耿建新、宋兴无译，上海译文出版社2006年版，第68页。

② 《马克思恩格斯选集》（第1卷），人民出版社1995年版，第9页。

③ 同上书，第81—82页。

立的地点上发展着”[①]，对全球生态尚不能构成整体性威胁。只是到了以资本这个特殊的物的依赖性为基础的社会阶段，“才形成普遍的社会物质变换，全面的关系，多方面的需求以及全面的能力的体系”[②]。“与这个社会阶段相比，以前的一切社会阶段都只表现为人类的地方性发展和对自然的崇拜。只有在资本主义制度下自然界才不过是人的对象，不过是有用物；它不再被认为是自为的力量；而对自然界的独立规律的理论认识本身不过表现为狡猾”[③]。于是，资本顽强积累的本性为人类历史开创了一个物质财富急遽膨胀的新纪元，以往所有世代创造的财富总和在它面前相形见绌。然而，自然资源的过度开发和工业污染的肆意蔓延，使得生态问题作为资本主义工业文明的衍生物如期而至，并伴随资本再生产的时空布展达到了前所未有的广度和深度。

（二）更为深层的渊薮：资本逻辑的驱导

真实描绘生态危机的世界景象，需要针对资本主义生产方式及其引致的生态贻害进行剖析。此刻我们身处的社会形构，区别于其他社会体系的显著特征便是将资本积累看做生产方式的唯一目标，由之派生出的（包括破坏自然在内的）各种实践活动都无不为了响应这个最高目标而存在。故而，“只有结合资本积累的知识来分析生态发展趋势，才能全面清晰地认识我们面临的全球生态危机”[④]。

综上所述，无论是申斥价值观念独断或婴儿出生数目，还是诘难不良消费习惯或技术应用失控，确实都具备不同程度的合理性。但因未能洞见藏匿在诸表象背后的“资本逻辑”这一深层渊薮，而无异于雾里看花、隔靴搔痒，对解消生态风险充其量只保有减缓局部症候的效用。正是作为现代性内核的资本，以及由它建立起来的社会制

---

① 《马克思恩格斯全集》（第46卷上），人民出版社1979年版，第104页。

② 同上。

③ 同上书，第393页。

④ ［美］约翰·贝拉米·福斯特：《生态危机与资本主义》，耿建新、宋兴无译，上海译文出版社2006年版，第69页。

度，将人类脆弱的地球家园变得风雨飘摇。资本法则隐而不显，悄无声息地塑造着我们的生活方式，啃噬着赖以栖居的生态根基。在它支配下的社会一味追逐剩余价值和利润增殖，漠视生态规律与环境正义，最终招致自然界的报复和无产者的反抗。所以，我们只有彻底转换批判主题，清算资本逻辑的生态贻害，方可达致杜弊清源、釜底抽薪的功效，也才能够构筑生态文明、消弭环境困局，进而实现人与自然的双重解放、和谐共荣。要言之，唯有“从当前的经济事实出发”，才能不仅有效地“解释世界”认清局势，而且从根本上“改变世界”化危为机。

第二章

资本逻辑内涵及逆生态性

资本来到世间凭借顽强积累的贪婪秉性迅速上位，很快僭越为统摄现代社会关系的“普照的光”和“特殊的以太”①，进而重塑了人类生存环境的整个样貌，最终化身成裁定万物存在合法性的逻各斯。于是，听任资本原则驱使的人们开始饱尝难以承受的生命之痛——这不仅体现在不断加剧的人际冲突以及日渐萎缩的意义世界，更突出表征于紧张对峙的人地矛盾。概言之，资本逻辑作为一种非人性力量已然完成了对地球生命系统的全面宰制。所以，开展资本的发生学考察和现象学揭橥，还原资本逻辑出场的历史图景，对于准确把握“现代资本主义生产方式和它所产生的资产阶级社会特殊的运动规律”②，在源头上堵截与防范生态风险乃至社会危机的发生很有裨益。

一　资本逻辑的发生学考察

（一）资本的历史起源与本质内涵

对于“资本”，我们并不陌生，它不仅活跃于金融和会计学等专业领域，就连在民众日常生活中亦被频繁提及。然诚如黑格尔所言：

---

① “在一切社会形式中都有一种一定的生产决定其他一切生产的地位和影响，因而它的关系也决定其他一切关系的地位和影响。这是一种普照的光，它掩盖了一切其他色彩，改变着它们的特点。这是一种特殊的以太，它决定着它里面显露出来的一切存在的比重。”——《马克思恩格斯选集》（第2卷），人民出版社1995年版，第24页。

② 《马克思恩格斯选集》（第3卷），人民出版社1995年版，第776页。

熟知非真知。当这一如今甚为流行的高频热词被宽泛运用到各行各业之时，其真实含义和内涵本质也被不自觉地稀释乃至篡改。为此，从考察资本的出场语境入手，辅以对各代表性观点的简要述评，再结合马克思主义资本理论以求正本清源便显得势在必行。

1. 资本的词源学考察

根据费尔南·布罗代尔、赫尔南多·德·索托等人的考证，“资本”一词源于拉丁语“caput”，最初是指牛或其他家畜的头。由于家畜具有饲养成本相对低廉、数量大小方便核算、遇到危险容易转移等优点，故而在当时被视作财富的主要来源。更为关键的是，从家畜养殖中还会获得额外财富，如它们可以繁衍后代，产出的皮革、牛奶、羊毛等还能够应用于其他行业。到了十二至十三世纪，资本具备了“资金”、“存贷”或“生息本金”等含义。其确切所指可见于意大利锡耶纳的圣贝纳迪诺布道词：“这种繁衍不息的赚钱手段，我们通常称之为资本”。因此，资本一词自创建伊始就有双重含义：表示资产（如家畜）的物质存在，以及它们产生附加值的潜能。[①] 当然，如何在学理上准确诠释资本的本质内涵绝非易事，这项工作是由西方古典政治经济学家率先展开的。

2. 作为生产要素的资本：古典政治经济学的缺陷

中世纪末期，伴随欧洲封建自然经济的渐趋瓦解和地理大发现对于商品贸易的极大诱惑，地中海沿岸的某些城市（如威尼斯）首先出现了资本主义生产关系的萌芽，进而催生了一场商业资本的革命：“商品流通是资本的起点。商品生产和发达的商品流通，即贸易，是资本产生的历史前提。世界贸易和世界市场在16世纪揭开了资本的现代生活史”[②]。由此可知，“商业资本是资本本身的最初的自由存在方式”[③]，

---

① 详阅［法］费尔南·布罗代尔《15至18世纪的物质文明、经济和资本主义》（第2卷），顾良译，生活·读书·新知三联书店1993年版，第236页。［秘鲁］赫尔南多·德·索托《资本的秘密》，于海生译，华夏出版社2012年版，第29页。

② 《资本论》（第1卷），人民出版社2004年版，第171页。

③ 《资本论》（第3卷），人民出版社2004年版，第375—376页。

而重商主义自然也就成了“资本的最初解释者”①。重商主义者的基本思想是，国家财富的主要源于对外贸易，即通过贸易顺差赚取金银，而资本便是在流通中增殖的货币。他们将货币和资本不加区分，并认定资本产生于流通领域。该经济理论反映了资本原始积累时期商业资产阶级的核心利益。然而，“对现代生产方式的最初的理论探讨——重商主义——必然从流通过程独立化为商业资本运动时呈现出的表面现象出发，因此只是抓住了假象”②。他们之所以被表象蒙蔽，主要是因为在当时的历史条件下，“资本作为商人资本而实现的独立的、优先的发展，意味着生产还没有从属于资本，就是说，资本还是在一个和资本格格不入的、不以它为转移的社会生产形式的基础上发展。”③

马克思指出：“真正的现代经济科学，只是当理论研究从流通过程转向生产过程的时候才开始”④。而开辟这一研究路向，并拉开古典政治经济学序幕的，正是英国的威廉·配第和法国的重农学派。⑤

作为较早告别重商主义的经济学家，威廉·配第把政治经济学的研究重点从流通领域转至生产领域，率先阐述了劳动决定价值的基本原理，并在劳动价值论的基础上考察了工资、地租、利息等范畴。配第认为社会财富出自土地和劳动，即“土块是财富之母，劳动是财富之父，劳动是创造财富的能动的要素”⑥。因而，他将地租看成是

---

① 《资本论》（第1卷），人民出版社2004年版，第181页。

② 《资本论》（第3卷），人民出版社2004年版，第375页。

③ 同上书，第365页。

④ 同上书，第376页。

⑤ 正如马克思所言：“古典政治经济学在英国从威廉·配第开始，到李嘉图结束，在法国从布阿吉尔贝尔开始，到西斯蒙第结束。”——《马克思恩格斯全集》（第31卷），人民出版社1998年版，第445页，并且马克思还在《剩余价值理论》中评价道：“重农学派的重大功绩在于，他们在资产阶级视野以内对资本进行了分析。正是这个功绩，使他们成为现代政治经济学的真正鼻祖。”——《马克思恩格斯全集》（第26卷上），人民出版社1972年版，第15页。

⑥ ［英］威廉·配第：《赋税论》，秋霞、原磊译，华夏出版社2006年版。在马克思的论著中，马克思曾至少在《政治经济学批判（第一分册）》和《资本论》（第一卷）两个地方明确提及配第的这一名言，只不过原话被简要地概括为：“劳动是财富之父，土地是财富之母”。——参阅《马克思恩格斯全集》（第31卷），人民出版社1998年版，第333、428页。马克思《资本论》（第1卷），人民出版社2004年版，第56—57页。

剩余劳动的产物和赋税的最终泉源。对此，张一兵教授给出了很高的评价："从哲学上看，配第的劳动价值论实际上是对生产中人类主体性的第一次确认，也是对社会财富本质的第一次科学抽象。"① 当然，他未能把价值、交换价值和价格区分开来，所以也就混淆了使用价值的生产和价值的创造。

与配第同时代的布阿杰尔贝尔是重农学派的先驱，他特别强调农业在整个国民经济中的重要地位。在关于财富源泉问题上，他坚称："耕种者的繁荣昌盛是一切其他等级财富的必要基础"，"一切的财富都来源于土地的耕种"②。而在分析农产品价格时，布阿杰尔贝尔将商品的交换价值归结于劳动时间（尽管是无意识的），因为他认定偿付生产费用的公平价格取决于个人劳动时间在各特殊产业部门之间的分配比例，而自由竞争便是实现这种正确比例的社会过程。

重农学派的创始人弗朗斯瓦·魁奈，亦视农业生产为社会财富的唯一来源。他从自然秩序的理论设想出发，认为商品交换必须按照等价原则进行。即是说，商品交换由生产费用决定，流通领域并未产生财富增殖。这无疑给予了重商主义以致命打击，也坚定了从农业生产中寻找财富源泉的决心。他进而指出，新增财富应该是所创造的产品超过被消费部分的余额，即每年产出的农产品扣除补偿生产过程中耗费的生产资料和农业生产者的生活资料后的剩余部分，将这部分剩余农产品被其称之为"纯产品"。不难看出，魁奈在这里已经接触到了剩余价值问题。与此同时，他虽没有明确提出"资本"概念，但使用了"预付"一词对农业生产费用进行了两种划分：①"年预付"，即每年都须预付出去的资本，如种子、农药及肥料等；②"原预付"，即购置农业设备的资金，隔几年预付一次，如农具、耕畜及库屋等。并指出资本产生的利润来源于农业生产劳动。这实际上就是后来亚当·斯密提出的固定资本和流动资本概念的雏形。只可惜的是，

---

① 张一兵：《回到马克思——经济学语境中的哲学话语》，江苏人民出版社 2003 年版，第 50 页。

② ［法］布阿杰尔贝尔：《谷物论论财富、货币和赋税的性质》，伍纯武译，商务印书馆 1979 年版，第 21、22 页。

魁奈把资本与资本的生产形式混为一谈，不懂得在产业资本循环中还有货币资本、商业资本等其他形式，这同重商主义将资本的存在仅限于流通领域一样，表现出认识上的以偏概全。

杜尔哥则于《关于财富的形成和分配的考察》一文，对资本主义关系作了更深入的分析，从而将重农学派推向了顶峰。他在魁奈所划定的三个阶级（生产阶级、土地所有者阶级和不生产阶级）基础上，进一步区分出工人与资本家，且初步表述了劳动者和劳动条件分离的历史过程。杜尔哥把纯产品看作是自然界赐予人类的，并给“资本”下了“积累起来的流动的价值”这一明确的定义。①

虽然，在重农学派的研究与分析中存在着“封建主义外貌和它的资产阶级实质”这样一个体系的矛盾，但是它毕竟“成为在封建社会的框子里为自己开辟道路的新的资本主义社会的表现了。因而，这个体系是同刚从封建主义中孵化出来的资产阶级社会相适应的”②。重农学派的巨大功绩体现在其探讨社会财富、资本流通和再生产上的尝试。他们将生产的资产阶级形式看作是社会的生理形式，既分析了资本在农业生产中组成的各种物质要素，又研究了资本在产品流通中所采取的诸类表现形式；同时在研究再生产过程中，包括了对各社会阶级收入来源、资本交换和再生产消费的关系。而“错误只在于，他们把社会的一个特定历史阶段的物质规律看成同样支配着一切社会形式的抽象规律”③。

由重农学派开创的从生产领域研究资本财富的思路，被古典政治经济学的代表人物亚当·斯密、大卫·李嘉图及其追随者发扬光大。亚当·斯密在《国民财富的性质和原因的研究》中开宗明义：“一国国民每年的劳动，本来就是供给他们每年消费的一切生活必需品和便利品的源泉”④。他所提及的劳动，不是航海业、农业、工场手工业

① 详阅《马克思恩格斯全集》（第26卷上），人民出版社1972年版，第28—35页。

② 《马克思恩格斯全集》（第26卷上），人民出版社1972年版，第23、24页。

③ 同上书，第15页。

④ ［英］亚当·斯密：《国民财富的性质和原因的研究》（上卷），郭大力等译，商务印书馆1972年版，第1页。

等实在劳动的特殊形式，而是它的社会总体形式即作为分工的劳动一般，这较之于重商主义和重农学派无疑是巨大的超越。此外，斯密还首次系统表述了劳动价值理论，并对资本的运动形态、构成划分和用途分类等进行了细致探索。他对“资本”概念的定义——“为了生产的目的而积累的资产储备”——凸显了资本具有增殖潜能的价值特征。更重要的是，他还部分地揭示出资本的本质：“资本一经在个别人手中积聚起来，当然就有一些人，为了从劳动生产物的售卖或劳动对原材料增加的价值上得到一种利润，便把资本投在劳动人民身上，以原材料与生活资料供给他们，叫他们劳作。与货币、劳动或其他货物交换的完全制造品的价格，除了足够支付原材料代价和劳动工资外，还须剩有一部分，给予企业家，作为他把资本投在这企业而得的利润”[①]。简单讲，所谓资本即是雇主在购买劳动，占有劳动成果之后获取的剩余利润。这实际上已彻底从拘囿于人地关系视野的重农学派中挣脱出来，且触及到了资本家和雇佣工人之间的社会生产关系问题，为马克思后来揭秘资本实质奠定了基石。当然，由于斯密未能区分劳动和劳动力、利润和剩余价值的关系，故而导致其资本理论存有庸俗成分和体系矛盾。

作为英国资产阶级古典政治经济学集大成者的大卫·李嘉图，其资本理论贡献突出体现在价值理论、工资理论、利润理论和税收思想上。他继承了斯密理论中的科学因素，并批评了斯密价值论中的不彻底性。他提出，衡量价值劳动大小的是社会劳动时间：“商品的价值或其所能交换的任何其他商品的数量，取决于其生产所必需的相对劳动量，而不是取决于支付这种劳动报酬的多少”[②]。生产资料并不能创造任何新价值，它只是在生产过程中发生了价值的转移而非增加；唯有工人的直接劳动才能生产出新价值。“同这个科学功绩紧密联系着的是，李嘉图揭示并说明了阶级之间的经济对立”，他认定全部价

---

① ［英］亚当·斯密：《国民财富的性质和原因的研究》（上卷），郭大力等译，商务印书馆 1972 年版，第 43 页。

② ［英］大卫·李嘉图：《政治经济学及赋税原理》，周洁译，华夏出版社 2005 年版，第 1 页。

值皆由劳动产生，并在无产阶级、资产阶级和地主阶级这三个社会阶级之间分配争夺，因而“在政治经济学中，历史斗争和历史发展过程的根源被抓住了，并且被揭示出来了”①。不过李嘉图的上述卓越观点，仍有许多问题没能解决。比如，虽然认识到利润是那部分未被支付的报酬，但因未区分开劳动和劳动力，故而没能说明剩余价值的产生并揭露雇佣劳动制度剥削的本质；由于不曾领会劳动的二重性，所以未曾说明新价值的创造和生产资料的价值转移为何可在同一劳动过程中进行；更重要的缺陷在于，他混淆了资本和资本的物质形态（生产资料），不是通过工人创造的剩余价值来解释利润，而是企图使单一产品的生产价格直接和蕴藏于其中的劳动时间关联一致；不仅如此，他还认为资本与雇佣劳动关系古已有之，无视简单商品生产同资本主义商品生产的本质差别，并且将特定历史条件下形成的资本主义生产方式看作亘古长存的生产方式，从而落入了资本拜物教的窠臼。同样的问题在庸俗经济学家中也时常出现，开启主观价值论（边际效用论）滥觞的让·巴蒂斯特·萨伊，于《政治经济学概论财富的生产、分配和消费》一书里坚称资本的价值是永存的；作为法国古典政治经济学完成者的西斯蒙第在《政治经济学新原理》中亦指认，资本是永久的不会再消失的价值，它永远是一种形而上学的东西。这些难题最终造成了李嘉图学派的分崩离析。

综上，“剩余价值在货币主义和重商主义体系中，表现为货币；在重农学派那里，表现为土地的产品，农产品；最后，在亚·斯密那里，表现为一般商品。”② 即从重商主义到重农学派再到古典政治经济学，都只看到了资本的物质外观之表象，而忽视了或者说没有认识到使资本成为资本的形式规定之本质。资本被他们看成是物，而没有被理解为关系。按照这种说法，资本便成了在人类社会发展的任何阶段都普遍存在的超历史范畴。马克思就此评价道，“单纯从资本的物质方面来理解资本，把资本看成生产工具，完全抛开使生产工具变为

① 《马克思恩格斯全集》（第 26 卷中），人民出版社 1973 年版，第 183 页。
② 《马克思恩格斯全集》（第 26 卷上），人民出版社 1972 年版，第 166 页。

资本的经济形式，这就使经济学家们纠缠在种种困难之中"[①]，这是在当时随意打开一本经济学指南都能一眼发现的谬误。"所以，将资本物质化，确立资本和雇佣劳动关系的自然性、永恒性和绝对性，完成对资本关系的意识形态遮蔽，这是所有自觉不自觉地充当资本关系和资本利益的代言人的古典经济学家们共同的理论取向，这实际上是一种狭隘的自然主义态度。"[②] 并且在现代西方经济学研究中，"资本"一词仍被用来表示一般的资本品，被看做是投入到经济生产过程中与劳动、土地相并列的一种生产要素。

3. 作为社会关系的资本：马克思主义理论的超越

资本最初确实是作为"可感觉物"登上历史舞台的，"资本主义生产方式占统治地位的社会的财富，表现为'庞大的商品堆积'"[③]。所以，马克思才在《资本论》中从分析商品入手，去研究资本主义特有的生产交换方式。但这仅仅是认识资本的前提，绝非资本的全部。他通过运用政治经济学批判的"抽象力"，由发现生产商品的劳动二重性出发，去建构科学的劳动价值论。并在此基础上探明了资本主义生产过程的二重性质，进而系统阐述了剩余价值生产理论，最终指证了资本作为"可感觉而又超感觉"的社会关系本质。在此过程中，马克思始终立足于批驳国民经济学（即古典经济学）"见物不见人"的错误立场，通过揭示商品、货币、价值和资本之间的复杂关联，逐步剥离开资本物化的表象，从而完成了对资本再生产实质和现代社会经济运动规律的揭示。列宁就此高度赞扬道："凡是资产阶级经济学家看到物与物关系（商品交换商品）的地方，马克思都揭示了人与人之间的关系"[④]。

在马克思的视野里，资本虽具有多种样态，如货币资本、商品资本等，但货币和商品只是资本借以存在的物质外壳，以及同他人发生

---

① 《马克思恩格斯全集》（第46卷下），人民出版社1980年版，第89页。

② 白刚：《资本现象学——论历史唯物主义的本质问题》，《哲学研究》2010年第4期。

③ 《马克思恩格斯选集》（第2卷），人民出版社1995年版，第114页。

④ 《列宁选集》（第2卷），人民出版社1995年版，第312页。

关系从而实现价值增殖目的之手段。"资本的躯体可以经常改变，但不会使资本有丝毫改变。"[①] 或者毋宁说，生产资料本身并非资本，就像金银天然不是货币一样。静态的物质实体惟有被纳入特定生产关系中才能变为流动的资本，"资本显然是关系，而且只能是生产关系"[②]。为了说明这个问题，马克思特地引述了一件发生在殖民地的真实事例：有位名叫皮尔的先生，将共值五万磅的生产生活资料不远万里地从英国带至斯旺河（即今天的澳大利亚），还"颇有远见"地一同带去了三百名工人[③]。可等到达目的地后，他竟然连一个为他铺床叠被或是到河边打水的仆人也没有了。马克思感慨道："不幸的皮尔先生，他什么都预见到了，就是忘了把英国的生产关系输出到斯旺河去!"[④] 该事例表明，生产资料、金钱货币等即便是被直接生产者所掌握也还不能称其为资本，只有在充当剥削工人的手段从而使价值发生增殖之后才能叫作资本。换句话说，货币、机器等生产资料的占有者若想成为资本家，还须拥有甘愿出卖自己的雇佣劳动工人，拥有替积累起来的劳动充当保存并增加其交换价值的活劳动。因此，经济学家看到的是有形的物质财富，马克思看到的则是隐匿于物象背后的雇佣关系，看到的是装在资本家钱袋里那个支配别人的社会权力："资本不是一种物，而是一种以物为中介的人和人之间的社会关系"[⑤]。"黑人就是黑人。只有在一定的关系下，他才成为奴隶。纺纱机是纺棉花的机器。只有在一定的关系下，它才成为资本。"[⑥] 所以，"资本本身并非生产要素，而是支配生产要素的社会关系力量，这种社会关系的力量就是由劳动创造的剩余价值所具有的市场交换能力。生产要素只有通过被资本所支配，从而纳入到资本运行轨道之后，才成为资本的外在表现形式。因此，资本是投入到生产中追求自身增值

---

① 《马克思恩格斯选集》（第 1 卷），人民出版社 1995 年版，第 345 页。

② 《马克思恩格斯全集》（第 46 卷上），人民出版社 1979 年版，第 518 页。

③ 《资本论》第 1 卷人民出版社 2004 年版第 878 页写的是 300 名，而 1975 年版第 835 页写的是 3000 名。

④ 《资本论》（第 1 卷），人民出版社 2004 年版，第 878 页。

⑤ 同上书，第 877—878 页。

⑥ 《马克思恩格斯选集》（第 1 卷），人民出版社 1995 年版，第 344 页。

的作为社会关系力量的剩余价值”[①]。它造就了以物的依赖性为基础的人的独立性这一全新的社会形态。

据此，马克思对于资本的理解可概括为以下三点：

（1）资本是个生产性范畴。马克思强调，“资本本质上是生产资本的”。资本的历史性任务就在于无视任何增长限制，“力求全面地发展生产力”，以实现劳动过程和价值增殖过程的统一。他通过考察“作为货币的货币”与“作为资本的货币”之区别，指出前者在商品流通中充当的是商品交换的媒介，即在 W－G－W 循环中，起点和终点都是商品，循环的目的以消费和满足需要为限；相反，当货币转化为资本，即在 G－W－G′循环中，循环的始极和终极换作了货币，循环的动机变成了交换价值本身，剩余价值 ΔG 便由此生产出来并重复更新，“单是由于这一点，这种运动就已经是没有止境的了”[②]。这种为卖而买，或者说得完整些，为了贵卖而买，不仅出现于商业资本中，它也是产业资本和生息资本所共有的形式。“因此，G－W－G′事实上是直接在流通领域内表现出来的资本的总公式。”[③] 所以，可以这么讲，资本的增殖冲动内嵌在其顽强积累的信条中，它所宰制的社会经济系统会像着了魔一般，以无可遏止的力量将一切自然力统统席卷进资本的漩涡中。

（2）资本是个社会性范畴。马克思指出，资本虽有多种表现形态，但“只有一种生活本能，这就是增殖自身，获取剩余价值，用自己的不变部分即生产资料吮吸尽可能多的剩余劳动。资本是死劳动，它像吸血鬼一样，只有吮吸活劳动才有生命，吮吸的活劳动越多，它的生命就越旺盛”[④]。凭借这强大的增殖意志，资本积极组织社会再生产并竭力压榨自然资源，从而使得资本主义社会所蕴藏的生产力，比过去一切世代创造的生产力总和还要多。与此同时，资本并

① 鲁品越：《社会主义对资本力量：驾驭与导控》，重庆出版社 2008 年版，第 40—41 页。

② 《资本论》（第 1 卷），人民出版社 2004 年版，第 177 页。

③ 同上书，第 181 页。

④ 同上书，第 269 页。

不能被简单地归结为大量资金或一堆机器，“它体现在一个物上，并赋予这个物以特有的社会性质”①。资本是物化了的社会力量，它是以具象的物质要素为承担者的社会关系和生产过程。

（3）资本是个历史性范畴。马克思指出，劳动的二重性和生产的二重性，决定了资本也具有二重性。资本一方面作用于劳动生产过程，释放了物质财富的生产潜能，且突破了民族地域的时空束缚，从而展现出文明化趋势；另一方面作用于价值增殖过程，不仅造成了雇佣剥削制度，还引致了生态环境灾变，从而流露出野蛮化倾向。因此，资本主义生产关系绝不是天然永恒的，它作为历史的产物②只具有暂时的合理性，它既非生产力发展的绝对形式，也绝非与生产力发展绝对一致的财富形式。随着时间的迁移，它终将变成束缚生产的桎梏。这便是马克思与主流理论最显著的差异所在：“在主流社会理论中，‘资本’的构成物由人类主体使用并直到人类的灭亡（资本永恒论）。与此形成鲜明对照的是，马克思坚信资本主义社会关系只存在于特定的时间和空间，是‘资本’作为一种更高级的‘主体’出现时的一种异乎寻常的主客倒置，它的终结也将属于人类的活动”③。即是说，资本不过是个过渡点，是从以人的依赖关系为最初形态的社会向建立在个人全面发展和自由个性基础上的社会转变的过渡形式。

（二）资本逻辑的生成及自反趋向

资本奉行增殖原则自成逻辑，在不断生长壮大的过程中呈现出经由“社会关系”到“经济权力”再及“主体力量”终至“普照的光”这一清晰的生成路径，并逐渐暴露出其野蛮化倾向和自反性趋

① 《资本论》（第3卷），人民出版社2004年版，第922页。

② 马克思在《经济学手稿》（1861—1863年）中指明了资本的历史性：“资本的发展不是始于创世之初，不是开天辟地就有。这种发展作为凌驾于世界之上和影响整个社会经济形态的某种力量，实际上最先出现于十六世纪和十七世纪。”——《马克思恩格斯全集》（第48卷），人民出版社1985年版，第120页。

③ 托尼·史密斯：《1861—1863年手稿中关于机器问题的论述》，［意］理查德·贝洛菲尔、罗伯特·芬奇主编：《重读马克思——历史考证版之后的新视野》，徐素华译，东方出版社2010年版，第162页。

势，让我们认识到资本逻辑确是社会历史性产物。

1. 由“社会关系”到“经济权力”再及“主体力量”

资本作为一种社会生产关系，其实质是资产阶级社会的生产关系，且唯有在这个积累起来的劳动支配活劳动（即物支配人）的社会生产关系下，资本才真正得以存在。所以说，“资本的实质并不在于积累起来的劳动是替活劳动充当进行新生产的手段。它的实质在于活劳动是替积累起来的劳动充当保存自己并增加其交换价值的手段”① 在此意义上，资本就其本质而言是种颠倒的社会关系。这种发生在资本主义经济现象中的颠倒形式主要表现在三个方面②：一是“使用价值成为它的对立面即价值的表现形式”。由于充当等价物的交换价值（货币）可以占有一切，使得人们争相追逐的目标；而作为商品自然规定性的使用价值，却反倒成了货币的表象。二是“具体劳动成为它的对立面即抽象人类劳动的表现形式”。具体劳动原本是真实改变物质对象的活动，它应该拥有对抽象劳动的统治权；可是在资本主义条件下，资本作为积累起来的抽象劳动却取得了左右现实活劳动的主导地位。三是“私人劳动成为它的对立面的形式，成为直接社会形式的劳动”。在资产阶级社会为实现商品间的直接交换，便抹去私人劳动的种种特质，将其视作无差别的人类劳动的表现，故而造成了私人劳动和社会分工的矛盾。其实，这三重颠倒就是资本的“物质内容”对“形式规定”的遮蔽，表征的是资本增殖对人类发展的全面压制。尤其是作为资本的货币，“它是有形的神明，它使一切人的和自然的特性变成它们的对立物，使事物普遍混淆和颠倒；它能使冰炭化为胶漆”③。因此，马克思感慨道：“这是一个着了魔的、颠倒的、倒立着的世界”④。

在马克思看来，正是这种颠倒的社会生产关系，使得资本具备了支配一切的经济权力。“在一切社会形式中都有一种一定的生产决定

---

① 《马克思恩格斯选集》（第1卷），人民出版社1995年版，第364页。

② 详阅《马克思恩格斯选集》（第2卷），人民出版社1995年版，第128—130页。

③ 《1844年经济学哲学手稿》，人民出版社2000年版，第114页。

④ 《资本论》（第1卷），人民出版社2004年版，第940页。

其他一切生产的地位和影响，因而它的关系也决定其他一切关系的地位和影响。这是一种普照的光，它掩盖了一切其他色彩，改变着它们的特点。这是一种特殊的以太，它决定着它里面显露出来的一切存在的比重。"① 于是，进入资产阶级社会后，作为生产关系的资本凭借自身"那种不可抗拒的购买力"升格为"支配一切的经济权力"。它首先表现为对无酬劳动及其产品的支配权。"一切剩余价值，不论它后来在利润、利息、地租等等哪种特殊形态上结晶起来，实质都是无酬劳动的化身。资本自行增殖的秘密归结为资本对别人的一定数量的无酬劳动的支配权。"② 与此同时，资本也对资本家行使着同样的支配权力。因为，"作为资本家，他只是人格化的资本。他的灵魂就是资本的灵魂。"③ 残酷的竞争机制使得他们必须根据利润最大化的原则来决定生产什么和怎样生产，如有悖逆便会立即破产。总之，在这个生产关系中，资本逐渐上升为主导性力量，不断增长成了它权力合法性的来源。资本不仅拥有对物的索取权，而且通过对物的操控拥有了对人乃至整个社会的支配权，表现出日益强烈的总体化趋势，谁都无法摆脱资本的引力场。"如同黑格尔所讲的实体即主体一样，资本这一'实体'变成了像'绝对精神'那样无所不能的真正'主体'，人则成为执行资本意志的工具。"④

从大量生产的物质实体→颠倒着魔的社会关系→支配一切的经济权力→宰制社会的主体力量，资本凭借其盲目扩张又顽强积累的秉性自行增殖，逐渐发展成现代文明的核心范畴和社会网络的神经中枢。它至大无外，至小无内，无情地按自己的自由意志改变着世上的一切，从而演绎出了专属于它的存在逻辑。

2. "资本逻辑"的概念及其与资本、资本主义的关系

那么，"资本"何以能同"逻辑"一词相联，资本逻辑又是怎样一种逻辑呢？"逻辑"（logic）一词的字根源于古希腊的"逻各斯"

---

① 《马克思恩格斯选集》（第2卷），人民出版社1995年版，第24页。
② 《资本论》（第1卷），人民出版社2004年版，第611页。
③ 同上书，第269页。
④ 丰子义：《全球化与资本的双重逻辑》，《北京大学学报》2009年第3期。

（希腊语：λόγοζ），最初指代一种普遍的语言语法形式，后引申为万物的规律与本质。在西方哲学史上，逻辑一直是视作最高本体论存在。它表征着一种不以人的意志为转移的客观规律。逻辑可大致分为形式逻辑和辩证逻辑。其中，形式逻辑以思维形式及其规律为主要研究对象；辩证逻辑则以概念与现实、历史与未来的辩证运动规律为主要研究对象，是一种自反性的逻辑。

资本逻辑显然属于具有自反性向度的辩证逻辑，它并非泛指资本内含的一切属性，而是特指资本作为占统治地位的社会生产关系，在谋求利润无限增殖的运动过程中所展现出的内在规律和必然趋势①。因此，资本与逻辑的联姻绝不是主观臆造的结果，更不是普遍永恒的自然规律，而是“以资为本”的社会形态所特有的历史性逻辑。**在这样的社会组织结构中，生产要素是资本的质料载体，社会关系是资本的形式规定，价值增殖则是资本的主旨鹄的**。

通过对资本逻辑概念的界定，我们便可以梳理和廓清资本、资本逻辑与资本主义三者之间的关系了。首先，资本不等于资本逻辑。资本经历了一个从无到有、由小及大的扩张过程，凭借其力图突破一切界限（如工人的身体界限、销售市场的限制、生态循环的极限等）的那种无止境的贪欲，才逐渐消解传统等级社会的羁绊并成长为现代社会的中坚力量，而资本逻辑正是资本在完成“量的积累”和“质的飞跃”之后诞生的历史产物。其次，资本不等于资本主义。资本的出现先于资本主义，在非资本主义社会和后资本主义社会也能看到它的身影。但“只有资本才创造出资产阶级社会，并创造出社会成

---

① 近年来，国内学者关于“资本逻辑”的研究逐渐增多，并对此概念进行了界定。其中代表性论文有：丰子义：《全球化与资本的双重逻辑》，《北京大学学报》2009 年第 3 期；孙正聿：《“现实的历史”：〈资本论〉的存在论》，《中国社会科学》2010 年第 2 期；毛勒堂：《资本逻辑与经济正义》，《湖南师范大学社会科学学报》2010 年第 5 期；李重：《从资本逻辑到生命逻辑：重新解读马克思的人类解放理论》，《云南社会科学》2011 年第 3 期；郗戈：《从资本逻辑看“全球现代性”的内在矛盾》，《教学与研究》2011 年第 7 期；姜家生、刘庆丰：《资本逻辑与马克思共产主义价值观的起源》，《学术界》2012 年第 3 期；白刚：《资本逻辑与现代性——马克思哲学视野中的现代性批判》，《学海》2013 年第 2 期；鲁品越、王珊：《论资本逻辑的基本内涵》，《上海财经大学学报》2013 年第 5 期。

员对自然界和社会联系本身的普遍占有。”[①] 只有资本主义制度把资本的形式积累视为最高目标，并且发育出资本的发达形态和最高阶段。资本主义所有制的本质即是资本雇佣劳动力并占有其生产的剩余价值。可以毫不夸张地说，资本原则构成了整个资本主义社会的核心建制，使得资本主义不仅是一种经济制度，更成为一种生存方式。第三，资本逻辑不等于资本主义。资本逻辑是“三形态”[②] 理论中以物的依赖性关系为基础的人的独立性这一社会形态所遵循的经济逻辑；而资本主义则是依照生产关系性质和社会经济特征划分的“五形态”[③] 学说中的一个社会形态。一方面，资本逻辑的运行场域可能突破资本主义社会，如我们今日实践着的中国特色社会主义尽管在本质上否定资本主义，但社会存在的条件尚未逾越资本逻辑统辖的“以

---

① 《马克思恩格斯全集》（第46卷上），人民出版社1979年版，第393页。

② “三形态说”是马克思以人的发展状况为依据对社会形态做出的一种划分：“人的依赖关系（起初完全是自然发生的），是最初的社会形式，在这种形式下，人的生产能力只是在狭小的范围内和孤立的地点上发展着。以物的依赖性为基础的人的独立性，是第二大形式，在这种形式下，才形成普遍的社会物质变换、全面的关系、多方面的需要以及全面的能力的体系。建立在个人全面发展和他们共同的、社会的生产能力成为从属于他们的社会财富这一基础上的自由个性，是第三阶段。第二个阶段为第三个阶段创造条件。”——《马克思恩格斯全集》（第30卷），人民出版社1995年版，第107—108页。

③ “五形态说”是指我们熟知的关于人类社会历史阶段的划分：原始社会、奴隶社会、封建社会、资本主义社会和共产主义社会。它的理论来源是：1. 1846年马克思写作《德意志意识形态》一书时就已经有了五种所有制形式的构想，他从所有制发展的不同形式归纳出：“部落所有制”、“古典古代的公社所有制和国家所有制”、“封建的或等级的所有制”，再加上后来的资本主义所有制和共产主义所有制。2. 马克思此后又在《雇佣劳动与资本》中都讲到“奴隶社会、封建社会和资本主义社会”，如果加上原始社会和共产主义社会，也是五种所有制形式。3. 在《〈政治经济学批判〉序言》中，马克思从生产方式的不同发展阶段总结出“亚细亚的、古代的、封建的和现代资产阶级的生产方式”，它们构成了“人类社会的史前时期”，告别资产阶级社会才能真正走进人类社会，即共产主义社会。4. 恩格斯在《家庭、私有制和国家的起源》中明确地指出人类历史发展的如下五个阶段——原始氏族社会、古代奴隶制社会、中世纪农奴制社会、近代雇佣劳动制社会、未来的共产主义社会。5. 到了1938年9月，苏联发布了以《论辩证唯物主义和历史唯物主义》为理论基础的《联共（布）党史简明教程》，斯大林亲自撰写了第四章第二节“辩证唯物主义和历史唯物主义”。其中明确写道：“社会发展史首先便是生产发展史，数千百年来新陈代谢的生产方式的历史，生产力和人们生产关系发展史，……是原始公社制的，奴隶制的，封建制的，资本主义制的，社会主义的这样五种基本生产关系更迭的历史”。经此，“五种社会形态说”最终定型，成为绝对的历史理论。

物的依赖性为基础的”过渡阶段；另一方面资本逻辑也不是资本主义社会发展的唯一规律，在特定历史背景下政府行为、市民运动等也能驱动社会的新陈代谢。但就总体来讲，资本主义社会是一个由资本逻辑统辖和支配的社会，几乎所有的社会活动都在围绕资本逻辑这个中轴运转。“大量生产—大量消费—大量废弃”的生产生活方式，就是资本逻辑为资本主义制度量身打造的。也正是在这一社会制度下，资本逻辑显现为辐射万物的“普照的光”，人们将资本增益奉若圭臬，资本独裁似乎别无选择，历史进步亦仿佛就此终结。然而，资本在时空布展进程中暴露出的逆生态表征和自反性趋向，却让我们辨识到了它的自然极限与失控结局。

二　利润挂帅的经济理性：资本再生产与生态可持续相抵牾

当今社会，资本凭借顽强积累的秉性，已经成长为无法替代的核心范畴和不可撼动的主导逻辑。在其执著于自我扩大再生产的进程中，毫不关心人的再生产和自然再生产，结果造成了资本逻辑与人身自然和生态环境的截然对立。这种对立虽未反映于每一个实例里，却作为一个整体表现在了它们之间的交互关系中，从而导致了资本增殖本性和永续发展理念的全面疏离。

（一）贪婪本性和适度旨趣的矛盾

马克思在论述资本演进史的时候，有这样一句话为众人所熟知：“资本来到世间，从头到脚，每个毛孔都滴着血和肮脏的东西”[①]。即是说，资本自发轫之端就是“用血和火的文字载入人类编年史的”[②]，无限增殖和疯狂拓展被其视作最高原则，只要有利可图，岂管洪水滔天。马克思在《资本论》第一卷中引用了托·约·邓宁的一段精彩

---

① 《马克思恩格斯选集》（第2卷），人民出版社1995年版，第266页。

② 同上书，第261页。

论述，将资本永不餍足的贪婪嘴脸刻画得惟妙惟肖、淋漓尽致："资本害怕没有利润或利润太少，就像自然界害怕真空一样。一旦有适当的利润，资本就胆大起来。如果有10%的利润，它就保证到处被使用；有20%的利润，它就活跃起来；有50%的利润，它就铤而走险；为了100%的利润，它就敢践踏一切人间法律；有300%的利润，它就敢犯任何罪行，甚至冒绞首的危险。如果动乱和纷争能带来利润，它就会鼓励动乱和纷争。"① 正是这追逐利润增殖的贪婪本性，敦促资本自身不断将积蓄的资产存量激发为剩余价值的生产潜能，在此过程中势必要榨取劳力及盘剥自然。

资本主义生产剩余价值主要有两种方式，一种是个体资本通过延长工作时间强迫工人进行超额劳动而得到的剩余价值，称作绝对剩余价值；另一种是作为整体的资本压缩必要劳动时间，即在不增加工作总时长的情况下，借助技术革新改变工作日两个组分的比例而生产的剩余价值，称作相对剩余价值。这两种生产剩余价值的方式，使得劳动对资本由形式上的服从关系逐渐过渡到实质上的隶属关系，从而共同引致了"过度劳动的文明暴行"：资本家贪恋剩余劳动，一方面肆意突破工作日的道德和生理极限，侵占了人体休养生息、维持健康的时间，且剥夺了工人呼吸清洁空气、拥有安静空间的权利："人为的高温，充满原料碎屑的空气，震耳欲聋的喧嚣等等，都同样地损害人的一切器官，更不用说在密集的机器中间所冒的生命危险了"②。如今这种导致工人身心俱疲的血汗工厂仍遍布各地；另一方面为了提高绩效将生产车间打造成《规训与惩罚》里出现的"圆形监狱"，等级森严的工厂制度使得一线技工如同被剥夺人身自由的囚犯，在高强度的生产流水线上机械地组装着计件产品以至于精神失常，富士康十三连跳便盖源于此。与此同时，资本家为了节约不变资本以获取更多剩余价值，不惜浪费工人的生命健康。例如，使工人长期拥挤在一个狭窄有害的生产车间，导致工人身患严重的职业病；将把危险的生产资

① 《马克思恩格斯选集》（第2卷），人民出版社1995年版，第266页。

② 《资本论》（第1卷），人民出版社2004年版，第490页。

料塞进同一场所而不配装安全设备，这被证明直接造成了史上最严重的工业化学意外——博帕尔毒气泄漏事件；对于那些像采矿业等危险的生产过程，不采取任何有效预防措施，结果引发层出不穷的煤矿塌方事故……“总的来说，资本主义生产尽管非常吝啬，但对人身材料却非常浪费，正如另一方面，由于它的产品通过贸易进行分配的方法和它的竞争方式，它对物质材料也非常浪费一样”[①]。所以，资本对生态自然的抢掠和对人身自然的剥削是同一个历史进程。它在不择手段地“破坏城市工人的身体健康和农村工人的精神生活”之时，更会毫不吝惜地“破坏着人和土地之间的物质变换，也就是使人以衣食形式消费掉的土地的组成部分不能回到土地，从而破坏土地持久肥力的永恒的自然条件”[②]。

资本主义再生产体系是没有极限的，一种无止境地生产和无限度地消费未经反思地成了资本社会的存在根据，自然代谢的周期显然无法跟上资本运作的节奏。奥康纳打了个比喻恰如其分地道出了自然环境在资本主义社会的命运：“自然界作为一个水龙头已经或多或少地被资本化了；而作为污水池的自然界则或多或少地被非资本化了。水龙头成了私人财产；污水池则成了公共之物。”[③] 现如今，绝大多数经济学家依然固守自重农学派以来的观点，即认为自然是对人类的免费馈赠，结果使得市场经济至今未能让价格真实表达生态学真理，从而导致自然资源被无度生产和消费。马克思对此有过专门论述，他将被资本使唤的“自然力”分为三类[④]：①劳动力，即“人自身作为一种自然力”；②自然界的“自然力”，如水、蒸汽、矿藏和土地肥力等自然资源；③“社会劳动的自然力”，即由“协作和分工产生的生产力”。资本利用这三类自然力开展社会生产，却只支付其中劳动力

---

① 《马克思恩格斯选集》（第2卷），人民出版社1995年版，第412页。

② 《资本论》（第1卷），人民出版社2004年版，第579页。

③ ［美］詹姆斯·奥康纳：《自然的理由——生态马克思主义研究》，唐正东、臧佩洪译，南京大学出版社2003年版，第296页。

④ 参阅鲁品越《资本逻辑与当代中国社会结构趋向——从阶级阶层结构到和谐社会建构》，《哲学研究》2006年第12期。

的再生产费用（工资），其余则“不费资本分文”①，故而资本便肆意浪费自然力以获取更多剩余价值。他在《资本论》第三卷讨论“级差地租”时举过的一个例子，或许能更好地帮助我们理解这个问题：假定一个国家绝大多数的工厂是用蒸汽机推动的，而只有少数是以自然瀑布作为动力，那么对于这些利用蒸汽机进行生产的工厂主而言，由于自然瀑布本身不是人的劳动成果无须付费，故而可以赚取超额利润。于是，资本家必然倾向于占有自然资源去节约生产成本。不仅是生产领域，自然作为消费对象亦沦为经济持存物，随着人地关系演变为一种单向度的效用关系，自然彻底失去了其感性的光辉：大地不再是人类安身立命的居所，而成了投资增值的不动产；森林不再是各种动物栖息的家园，而成了一堆堆规整的木材；荒漠不再是人迹未至的一方净土，而成了核试爆的理想选址；海洋也不再是无数鱼类畅游的天堂，而成了捕捞场和排污池。原本完好的地球生态系统被裁剪得七零八落，千疮百孔。“商业化的、受污染的、军事化的自然不仅从生态的意义上，而且也从生存的意义上缩小了人的生活世界”②。事实的确如此，急剧恶化的自然生态正不断以灾害的形式向人类发出警告，当前自然灾害的出现频率、危害程度和波及范围都是空前未有的。总之，对资本而言，不管是世界大多数人的幸福，还是地球生命的存续，甚至资本主义制度本身的命运，都不容许阻碍其增殖目标的实现。

（二）短期行为和长久理念的背离

资本市场秉持浅近功利的经济理性，既不相信过去，也不相信未来，只相信当下成本收益。因此，资本主义企业从“生产什么”到“生产多少”，再到“怎么生产”，都是围绕如何快速赚取利润这个轴心来运转的。激烈的竞争机制和严苛的盈利指标促逼着资本拥有者在评估投资前景时，只求短期利润回报，无视长远生态效益，窃取的剩

① 《资本论》（第1卷），人民出版社2004年版，第208、443页。

② ［美］H. 马尔库塞：《反革命和造反》，H. 马尔库塞等著，任立编译：《工业社会与新左派》，商务印书馆1982年版，第128页。

余价值被用来更新自身保持增势，而非回归人身修补自然。对于企业董事和财务会计而言，只要今天的供应源源不断，未来可能的稀缺是置之度外的；环境退化的代价也是可以不加考虑的，子孙后代或者其他物种的栖息需求更是不必操心的。[①] 一句话，“我死后哪怕洪水滔天！这就是每个资本家和每个资本家国家的口号。”[②]

正如恩格斯所述：“到目前为止的一切生产方式，都仅仅以取得劳动的最近的、最直接的效益为目的。那些只是在晚些时候才显现出来的、通过逐渐的重复和积累才产生效应的较远的结果，则完全被忽视了。……在西欧现今占统治地位的资本主义生产方式中，这一点表现得最为充分。支配着生产和交换的一个个资本家所能关心的，只是他们的行为的最直接的效益。”[③] “在各个资本家都是为了直接的利润而从事生产和交换的地方，他们首先考虑的只能是最近的最直接的结果。一个厂主或商人在卖出他所制造的或买进的商品时，只要获得普通的利润，他就满意了，而不再关心商品和买主以后将是怎样的。人们看待这些行为的自然影响也是这样。”[④] 蕾切尔·卡逊也早就指出，导致生态问题日益严峻的罪魁祸首是为了快速收获经济回报而将自然蜕变成工厂一样的组织形式。当今世界推崇速度和数量，势必滋生滔天罪恶。诚然，资本有可能在诸如采矿、油井和其他自然资源的投资方面会考虑长期利益，但其投资周期之多也不会超过 15 年，而这与真正意义上的环保所需的 50—100 年时间周期显然是远远不够的。至于那些可以造福人类的环保项目，因为在可预见的时间内无法取得足够的利润抵消投资风险而只能作罢。于是，资本家在投资决策中的短期行为的痼疾便成为影响整体环境的致命因素。就此而言，资本主义在过往数个世纪蓬勃发展的历史其实是一个不可持续的历史阶段。

但既得利益者拒绝承认这些事实，无一例外地忽略当代生态和社

---

① ［美］丹尼尔·A. 科尔曼：《生态政治——建设一个绿色社会》，梅俊杰译，上海译文出版社 2002 年版，第 83 页。

② 《资本论》（第 1 卷），人民出版社 2004 年版，第 311 页。

③ 《马克思恩格斯选集》（第 4 卷），人民出版社 1995 年版，第 385 页。

④ 同上书，第 386 页。

会危机的严重性，并坚称经济学而非生态学将一如既往地决定我们生活的环境。他们利用借贷消费和技术工具持续解消着人的主体性和环境完整性，导致自然资本已经代替人造资本成为人类发展的首要限制性因素："捕鱼生产目前是受剩余鱼量的限制而不是渔船数量的限制；木材生产是受剩余森林面积的限制，而不是受锯木厂多少的限制；原油的生产是受石油储量（或许更严格地是受大气吸收二氧化碳容量）的限制，而不是采油能力的限制；农产品的生产经常是受供水量的限制，而不是受拖拉机、收割者或土地的限制。我们已经从一个相对充满自然资本而短缺人造资本（以及人）的世界来到了一个相对充满人造资本（以及人）而短缺自然资本的世界了"[①]。如今，生命之网在企业资本的高效开发中被肢解得支离破碎，自然财富稀释殆尽，涸泽而渔的卑劣行径屡禁不止。因此，正如制度经济学家卡尔·威廉·卡普在《私营企业的社会成本》一书中所言，我们必须把资本主义视作未付成本的经济。"未付"是指实际生产成本中的相当一部分还未分摊到企业的支出费用中，而是转嫁给并最终由第三方或整个社会埋单。废弃物资的丢弃、原始森林的砍伐、化石能源的滥采以及其他对人类健康和福利带来危害的行为，都是人类糟蹋现世和将来社会生态成本的有力证据。当然，我们或许不该对个别的资本家指责太多，因为他们不过是人格化的资本，资本不可抑遏的增殖冲动使得他们即便是相信生态极限近在咫尺，拯救地球迫在眉睫，也无法超越投资决策中的急功近利。个人一旦被卷入如踏轮磨坊式的生产体制，该体制就会迫使他服膺资本逻辑的行事规则，"扩张抑或死亡"的法则适用于所有企业。如果一个制造商胆敢违逆，那么他将不可避免地从经济舞台上谢幕下场，如同那些无法适应规则的工人一般，被抛置街头沦为失业者。"旧时王谢堂前燕，飞入寻常百姓家"，这是封建权贵家道中落的凄凉情景。而在当今资本市场没有硝烟的商战中时刻都在上演着一部部破产的悲剧。所以，在这尊奉残酷竞争和财富

---

① ［美］赫尔曼·E. 戴利：《超越增长——可持续发展的经济学》，诸大建、胡圣等译，上海译文出版社2006年版，第96页。

积累的社会形构中，资本家身不由己地不断扩大再生产，贪婪吮吸生态精华，如果没有各国政府的宏观调控和联合干预，就会像马克斯·韦伯预见的那样，一直持续到人类烧光最后一吨煤的时刻。

由此可见，资本逐利的短期行为是同环境保护的长久理念相违背的。作为理性经济人的资本家，为了在竞争的夹缝谋求一席之地，势必会充分利用资本市场的外部效应，将自然界视作索取资源的水龙头与倾倒废料的下水道，前者的收益被划归到私有财产，后者的成本却被外化为公共产品。结果可想而知，生态欠账不仅以邻为壑要社会来支付，而且还寅吃卯粮需后代去偿还，资本饕餮盛宴享用过后便是吞下环境灾难苦果之时。

三　物欲至上的消费理念：资本增殖与自然贬值的财富悖论

《货币哲学》的作者西美尔早在20世纪初就指出，当千差万别的因素都一样能够兑换成金钱，事物最特有的价值就受到了损害。“在金钱交易中人人的价值相等，这不是因为人人都有价值，而是由于除了钱别的都毫无价值。”① 因此，当（货币）资本增殖的冲动力成为社会前进的唯一主宰后，“一切等级的和固定的东西都烟消云散了，一切神圣的东西都被亵渎了”②。在这资本逻辑大行其道的当下，人的丰满个性被压榨成单薄无情的分工角色，命运般地遭遇了前所未有的异化境遇：劳动产品与劳动相异化；劳动本身与劳动者相异化；劳动者与他的类本质相异化；人和人的关系相异化。就连有产者也不过是人格化的资本，空有人的生存外观。不仅是人的全面异化，自然也因成为“纯粹的有用性”，而失去了诗意的感性光辉，不再以其丰富性和全面性展示于人。总之，抽象的资本全面统治了感性生命，资本世界的增殖是用人的世界和自然世界的贬值换来的。而这一切都要

① ［德］西美尔：《货币哲学》，陈戎女、耿开君、文聘元译，华夏出版社2002年版，第348页。

② 《马克思恩格斯选集》（第1卷），人民出版社1995年版，第275页。

归罪于资本主义狭隘功利的财富观。

（一）资本主义狭隘功利的财富观

财富就其本义来说，是指充足繁荣的一种状态。在经济学上，最早给财富下定义的是古希腊思想家色诺芬，他在著作《经济论》中写道：财富就是具有使用价值的东西。此后，亚里士多德进一步强调，真正的财富是由使用价值构成的。随着资本主义市场经济的兴起，人们对于财富概念的理解开始发生转变，英国经济学家戴维·W. 皮尔斯在《现代经济词典》一书中对财富做了如下定义："任何有市场价值并且可用来交换货币或商品的东西都可被看作是财富。它包括实物与实物资产、金融资产，以及可以产生收入的个人技能。当这些东西可以在市场上换取商品或货币时，它们被认为是财富。"即是说，财富概念被窄化为具有交换价值的东西，那些外在于交换系统，不能在市场上出售的自然物，则被视为上帝馈赠给人的礼物可任意取与。马克思明确反对这种观点，他于《1844 年经济学哲学手稿》里写道："没有自然界，没有感性的外部世界，工人什么也不能创造"[①]。更在《1861—1863 年经济学手稿》中多次批评马尔萨斯基于古典自由主义经济学观点，将自然看做是对人类的免费赠予，而未能认识到它实际上是由资本催生出的特定社会关系的产物。1875 年在《哥达纲领批判》中，针对斐迪南·拉萨尔提出的"劳动是一切财富和一切文化的源泉"这个错误观点，马克思主张："劳动不是一切财富的源泉。自然界同劳动一样也是使用价值（而物质财富就是由使用价值构成的！）的源泉。劳动本身不过是一种自然力即人的劳动力的表现。"[②] 此后，他还几度引述威廉·配第关于"劳动是财富之父，土地是财富之母"的论断，肯认劳动和土地是"财富的两个原始要

---

① 《1844 年经济学哲学手稿》，人民出版社 2000 年版，第 53 页。

② 《马克思恩格斯选集》（第 3 卷），人民出版社 1995 年版，第 298 页。恩格斯在《自然辩证法》中的观点与马克思保持了高度的一致，"政治经济学家说：劳动是一切财富的源泉。其实，劳动和自然界在一起它才是一切财富的源泉"。——《马克思恩格斯选集》（第 4 卷），人民出版社 1995 年版，第 373 页。

素”，并表达出自然是人类世世代代共同的永久财产，是他们不能出让的再生产条件的生态思想。[①] 正是由于马克思对自然乃财富之源的确认，使得其拥有了一个超越资本狭隘视野的财富概念。

马克思进而分析道，之所以会出现如此狭隘的财富观念，是因为“资本从一开始就不是为了使用价值，不是为了直接生存而生产”[②]。“在现代世界，生产表现为人的目的，而财富则表现为生产的目的。”[③] 资本主义生产体系内在地包含了交换价值与使用价值的矛盾，以及价值增殖与财富生产的冲突。马克思在《资本论》的开篇指出，每一件商品都包含使用价值和交换价值。其中，前者同人们对基本的生活需求相关联，后者则缘起于人们对利润的追逐。当社会焦点从使用价值逐渐转向交换价值之时，就产生了有别于简单商品生产的资本主义扩大再生产方式。W－G－W 简单商品流通的开端和终点，都伴随着使用价值在商品中的具体体现，货币只是作为交换的媒介，目的仍在于获取使用价值，故而囤积使用价值的动机是有限度的。例如，某人对一把斧头的需求高于一把剪子，但他却无对第二把斧头的欲求，更别说会有购买二十把斧头的渴望。与之形成鲜明对照的是，当 G－W－G′资本流通出现后，次序便就发生了颠倒：货币不是作为货币花掉，而是作为资本的货币形式预付出去，使用价值也就成为它的对立面即价值的表现形式。也就是说，整个流通过程从货币资本开始，又以货币资本为结束。在由利润所带来的交换价值增殖过程中，使用价值或者说商品反倒成了中介，商品的使用价值隐退到了次要地位。随着交换价值的不断膨胀，资本增值突破了具体效用的物理限制，作为中介的具体商品“人间蒸发”了，G－G′的出现昭示着资本流通直接跳过物质层面，开启了形而上学式的自我复制，货币拜物教乃至于资本拜物教旋即盛行。然而，物理学基本定律告诉我们，万物皆不可无中生有，所谓的钱生钱也只是资本家运用金融产品套利并操控货币市场的结果。即是说，社会总财富并未增加，这部分人收获的

---

① 《资本论》（第 3 卷），人民出版社 2004 年版，第 918 页。

② 《马克思恩格斯全集》（第 46 卷下），人民出版社 1980 年版，第 87 页。

③ 《马克思恩格斯全集》（第 46 卷上），人民出版社 1979 年版，第 486 页。

交换价值 ΔG，是从他人那里掳掠过来的。不仅如此，陷入增长狂热的资本市场经济，还源源不断地吸纳着自然资源，挤占着环境空间，产生了巨额生态债务。由此可见，交换价值对使用价值的疏离和支配，不仅造成了虚拟资本与实物资产的脱节，更导致了市场价格对公共财富（社会和生态财富）的背弃。于是，需要的既定界限再也限制不住资本的疯狂增殖，财富的生产成了人的最高目的。

（二）“罗德代尔悖论”凸显生态财富的流失

针对这种近视偏狭的财富观，生态马克思主义者引入“罗德代尔悖论”，从新的视角揭示了资本财富积累与生态破坏的密切关联。1804 年，罗德代尔勋爵八世詹姆斯·梅特兰于《公共财富的本质和起源，及其增长方式和原因调查》一书中，首次指明私人财富和公共财富呈负相关，前者的累进往往会导致后者的减少。他指出，凡是具有使用价值的物品都可以构成公共财富，但私人财富却需要额外的限定要素，即这些物品还必须具备一定的稀缺性才能成为私人财富。如充沛的阳光和空气，即便对每个人都十分重要，也无法成为商品被私人占有。“换句话说，稀缺性是使某种东西具有交换价值并增加私人财富的必要条件。但公共财富不是这样，它包括所有的使用价值，因此不仅包括稀缺的东西，而且包括丰裕的东西。”① 于是悖论立刻就出现了，潜在的或实际上的稀缺是所有市场交易活动的支撑，若想扩充私人财富（交换价值），就须设法摧毁社会财富（使用价值），即将昔日丰盛的东西变得紧俏。在资产阶级社会，人为制造这种稀缺的情形屡见不鲜：工厂污染了当地水源，然后再通过向居民兜售纯净水赢利；农场主在粮食丰收的季节，焚烧部分农作物已确保粮价不降；温室气体排放导致全球变暖，却使得电器生产商成功将空调和冰箱卖给了北极地区的爱斯基摩人；城区居住环境日趋恶化，反倒繁荣了郊外旅游市场和房地产业……相较于悖论提出伊始的 19 世纪，现

① ［美］约翰·贝米拉·福斯特、布莱特·克拉克：《财富的悖论：资本主义与生态破坏》，张永红译，《马克思主义与现实》2011 年第 2 期。

如今利用物质匮乏增加私人财富的尝试已然成为常态，资本家对自然优质资源的愈益紧缺和生态风险的日趋加剧并不担心，以至祭出新的价值定价方式。“在资本主义制度下，几乎每一种使用价值都有一个价格标签——一种交换价值。任何东西都是一种商品，甚至舒适和审美享受也在旅游业中被预先包装和明码标价为商品。因而，在资本主义社会下，在第一自然和第二自然之间作出区分不再有效——已不存在任何第一自然。第一自然的所有东西都被商品化了”①。所以，资本主义企业的财富累进是靠系统地盘剥全球生态财富换来的。

由此可见，“罗德代尔悖论”彰显出资本主义财富积累对于稀缺性的依赖，没有什么比丰裕更危险的了。在环境问题上，资本虽渴望得到丰富的自然资源，但更愿意制造稀缺以获取巨额收益。资本主义不仅造成了生态危机，而且它本身就依赖于危机而存在。资本通过危机完成积累，这就像一种经济必然性的机制在发挥着作用，资本与危机是同构在一起的。因此，在这经济制度下，浪费和破坏自然生态便显得理所当然，任何东西都不能阻挡资本对自我再生产的执着追求。尽管人们通常以为，环境成本增加会限制经济增长，但资本主义其实是个尚未支付成本的经济体。这些成本终究还是由生态系统和社会整体来消化和承担。不仅如此，通过将一些公共财富（比如淡水资源、山川景观）有选择的包装成商品，反倒为谋取更多利润开辟了新的路径。

（三）财富生产与需求实现相脱节

资本主义竭力“把一切造物，水中的鱼，空中的鸟，地上的植物，通通攫归私有”②，这是造成资源滥用、环境破坏的经济学根源。在资本家的狭隘眼界中，只有商品价值才是真实的财富，而自然界（包括劳动力）都是实现这一财富的工具。从这个视角看，“罗德代尔悖论”不仅揭示了生态财富缺失的根由，还凸显了资本制度必然

---

① ［美］戴维·佩珀：《生态社会主义：从深生态学到社会正义》，刘颖译，山东大学出版社 2012 年版，第 133 页。

② 《马克思恩格斯全集》（第 7 卷），人民出版社 1959 年版，第 415 页。

导致财富生产与需求实现相脱节的基本矛盾。

资本主义的深层逻辑是注重以商品化的方式来满足需求。一种商品对应一种需求，如购置汽车对应出行便捷的需求，消费电影对应休闲娱乐的需求。总之，一切需求都可通过使用某一商品来实现。“于是，人们只要一闪念就会产生这样的想法：资本主义的这一宏图大志从一开始就限制了需求满足方式的范围。它排除了（或者说想要限制）那些与商品化无关的满足方式，如闲暇时间以及免费的东西等。”① 资本主义总是试图对社会需求的目标和形式进行打造和过滤，并刺激那些可用商品的形式来加以满足的，且能与获取高利润率相兼容的需求的产生。简言之，即将需求引向那些能使利润实现最大化的商品，并且拒绝生产无利可图的需求。欧债危机爆发后，新自由主义振兴计划之一便是在公共领域重新引入商品化。长此以往，资本积累机制所划定的需求满足方式同社会需求的表达形式之间便出现了一道越拉越大的鸿沟，追求利润和社会需求之间的分化愈发严重。这一变化趋势折射出了资本主义的一个基本特征：它的目标是利润最大化，各种商品也只不过是利润最大化过程中的一个副产品。资本主义的繁荣程度与其驱逐无利可图的需求的能力成正比例关系。为了追逐利润，原本可用来开发满足人类道德情感、艺术审美需求的自然资源被大量闲置；剥削工人的雇佣劳动制度可以被称之为经济正义；作为一切财富最初源泉的生态环境也被允许“合理地”破坏。

马克思主义创始人早就发现了这点：“生产的扩大或缩小，不是取决于生产和社会需要即社会地发展了的人的需要之间的关系，而是取决于无酬劳动的占有以及这个无酬劳动和对象化劳动的比率，或者按照资本主义的说法，取决于利润以及这个利润和所使用的资本的比率，即一定水平的利润率。因此，当生产的扩大程度在另一个前提下还远为不足的时候，对资本主义生产的限制已经出现了。资本主义生产不是在需要的满足要求停顿时停顿，而是在利润的生产和实现要求

① ［法］米歇尔·于松：《资本主义十讲》，潘革平译，社会科学出版社 2013 年版，第 82 页。

停顿时停顿”①。所以，“支配着生产和交换的一个个资本家所能关心的，只是他们的行为的最直接的效益。不仅如此，甚至连这种效益——就所制造的或交换的效用而言——也完全退居次要地位了；销售的可获得的利润成了唯一的动力。”② 即是说，在资本逻辑支配下的社会，人被赚钱动机所左右，经济获利不再从属于满足物质需求的手段而直接成为人生追求的最终目标。尽管自亚当·斯密以来的主流经济学家都认为，资本主义是一种直接追求财富而间接追求人类需求的制度，但其实第一个目的完全超越并改造了第二个目的。它并未局限于满足人类日常生活的基本需求和建设社会发展必需的服务设施上。相反，创造越来越多的利润已成为目的本身，而且产品的样式和它们最终的实用性也变得无关紧要。商品的使用价值逐渐让位于交换价值，许多对人类和地球可能产生毁灭性影响的产品（如核武器）甚至也被顺利生产了出来。③

今天的资本主义已越发无力将满足社会总体需求纳入自身体系当中，那些唯一符合资本逻辑的商品化解决方案显然不足以应对气候变暖这样的全球性生态问题。因此，我们有理由相信，“资本并不像经济学家们认为的那样，是生产力发展的绝对形式，资本既不是生产力发展的绝对形式，也不是与生产力发展绝对一致的财富形式”④。资本主义的合法性正在丧失，其进步力量也逐渐耗竭。与人类所面临的巨大环境挑战相比，资本主义的财富观念在今天看来已经显得过于狭隘。并且，一旦我们承认财富的获得是以非商品化形式存在的使用价值，承认自然界是一切财富之源，那么我们在衡量贫困化程度的时候就不会错误地只考量商品欲求这个一维标准。这样看来，资本主义社会并不是一个普遍富足的社会，它不仅通过只生产有利可图的商品来抑制我们真实需要的实现，还在通过破坏生态环境导致人的贫困加

---

① 《马克思恩格斯选集》（第 2 卷），人民出版社 1995 年版，第 465—466 页。

② 《马克思恩格斯选集》（第 4 卷），人民出版社 1995 年版，第 385 页。

③ ［美］约翰·贝拉米·福斯特：《生态危机与资本主义》，耿建新、宋兴无译，上海译文出版社 2006 年版，第 90 页。

④ 《马克思恩格斯全集》（第 30 卷），人民出版社 1995 年版，第 396 页。

剧。因此，在今天的资本主义生产关系还没有成为生产力的桎梏之时，它从人类需求满足的视角来看已是极度不合理的了。

四　时空拓殖的运行逻辑：资本主义双重矛盾与人类生存危机

在资本座架的框定下，金钱幻化为统摄万物的普世价值，无论人之人性还是物之物性都被贴上价格标签。不仅"把人的尊严变成了交换价值"[①]，"土地也像人一样必然降到牟利价值的水平"[②]。在它永不餍足地追求普遍化历程中，一切财富源泉皆消磨告罄，人类的相对贫困化与环境的绝对贫瘠化成为资本文明的显著特征，其结果必然呈现出一种在人身迫害与生态破坏之间的恶性循环，经济危机和生态危机的并存互演自然也就成了资本主义社会的独特景象。

（一）资本积累与经济危机、生态危机的一体性

正因为资本的目的不是满足需要而是生产利润，不是竭力创造使用价值而是无度攫取交换价值，所以它并不直接是商品生产和价值增殖的统一，"在立足于资本主义基础的有限的消费范围和不断地力图突破自己固有的这种限制的生产之间，必然会不断发生冲突。"[③] 资本主义生产方式占统治地位的社会财富所表现出的"庞大的商品堆积"，绝非财富生产过量所致，"而是资本主义的、对抗性的形式上的财富，周期性地生产得太多了。"[④] 于是，为了确保价值增殖过程顺利完成，资本家除了提高生产效率以节约生产时间，以及"用时间消灭空间"来加快流通速度之外，更加注重空间生产的规划建构，力求按照自己的面貌打造出一个新的世界，资本积累便由此具备了完整的时空意义。马克思对这点早有预见并指出，为了"推广以资本

① 《马克思恩格斯选集》（第1卷），人民出版社1995年版，第275页。
② 《1844年经济学哲学手稿》，人民出版社2000年版，第45页。
③ 《马克思恩格斯选集》（第2卷），人民出版社1995年版，第465页。
④ 同上。

为基础的生产或与资本相适应的生产方式”，“资本一方面具有创造越来越多的剩余劳动的趋势，同样，它也具有创造越来越多的交换地点的补充趋势……创造世界市场的趋势已经直接包含在资本的概念本身中。”① 要言之，资本再生产过程不仅需要压缩必要劳动时间，更须不断突破地理空间界域吸收盈余商品。时至今日，“对于空间的征服和整合，已经成为资本主义赖以维持的主要手段，空间生产本身已被资本占有并从属于它的逻辑。”②

1. 资本空间拓殖导致物质变换裂缝加深

生产环节的高歌猛进实现了资本裂变式扩增，然而有限地域终究无法消费过量商品，资本再生产亟须突破时空屏障去开辟广阔市场完成“惊险一跳”。所以，在将时间钉上人类实践的价值坐标后，空间也被嵌入资本逻辑的运作规划中，世界市场的征服拓展便作为降解区域性经济滞胀风险的重要途径铺陈开来。随着人类交往实践场域的快速嬗递，诸多民族被先后裹挟进资本浪潮的漩涡，资本社会亦由地图上原初那偏隅之地投射到了时下的世界各处。可资本拓殖的脚步仍未就此停歇，空间生产开始往纵深发展，即从空间中物的生产（production in space）转向空间本身的生产（production of space）。空间天然不是资本，但在其商品化过程中却因资本的形塑而被赋予了剩余价值，直接参与财富创造。交错叠加的多维空间为资本营造了崭新的利润空间，但也因此挤压了自然环境的代谢空间，危及人类发展的空间正义。

以城市空间生产为例。都市空间的建构改变了人类对生存样态和空间感官的传统认知，现代城市不但作为生产材料汇聚的空间容器或外部环境而存在，它本身已成为谋取剩余价值的交换对象和空间商品而生产。可经由资本打造出的却是繁华商务区/破败工场地、轩敞别墅群/逼仄贫民窟、聒噪产业园/静谧写字楼、整洁闹市街/脏乱城中村的极化景象。不仅如此，在这拥堵不堪的城镇空间里，汽车尾气排放、生活垃圾堆积、水电资源耗费等还持续袭扰着人和土地之间的物

① 《马克思恩格斯全集》（第46卷上），人民出版社1979年版，第391页。

② 宋宪萍、孙茂竹：《资本逻辑视阈中的全球性空间生产研究》，《马克思主义研究》2012年第6期。

质交换："资本主义生产在使它汇集在各大中心城市的人口越来越占优势的同时，这样一来，一方面聚集着社会的历史动力，另一方面又破坏着人和土地之间的物质变换。也就是使人以衣食形式消费掉的土地的组成部分不能回归土地，从而破坏土地持久肥力的永恒的自然条件"①。加之，"资产阶级使农村屈服于城市的统治……使未开化和半开化的国家从属于文明的国家……使东方从属于西方"②，导致城乡互哺的传统社会结构瓦解，并由此催生出世界范围内社会与自然新陈代谢难以缝补的裂隙。大卫·哈维就此指出，资本在一个绝对资本主义环境里持续积累是不可想象的，它必须不断向其他民族和国家扩张才能增殖壮大。因此，"资本积累向来就是一个深刻的地理事件。如果没有内在于地理扩张、空间重组和不平衡地理发展的多种可能性，资本主义很早以前就不能发挥其政治经济系统的功能了"③。"它创建了独特的地理景观，一个由交通和通讯、基础设施和领土组织构成的人造空间，这促进了它在一个历史阶段期间的资本积累，但结果仅仅是必须被摧毁并被重塑，从而为下一阶段更进一步的积累让路。所以，如果说'全球化'这个词表示任何有关近期历史地理的东西，那它则最有可能是资本主义空间生产这一完全相同的基本过程的一个新的阶段。"④ 随着新自由主义在国际经济政策中扮演越发重要的角色，非资本主义区域被迫放松对资本的监管，向跨国公司保持开放姿态，由之带来的便是自有资源的耗竭和当地环境的毒化。而发达国家则实现了资本循环和生态环境的双重修复。可是，剩下可供榨取的新市场毕竟在日益减少，全球空间生产亦终有极限，到那时这个曾经仿佛用法术创造出伟大物质文明的资产阶级魔法师，就再也无力支配自己召唤出来的魔鬼了。故此，资本积累的空间修复方案，"不过是资产阶级准备更全面更猛烈的危机的办法，不过是使防止危机的手段越

① 《资本论》（第 1 卷），人民出版社 2004 年版，第 579 页。

② 《马克思恩格斯选集》（第 1 卷），人民出版社 1995 年版，第 276—277 页。

③ ［英］大卫·哈维：《希望的空间》，胡大平译，南京大学出版社 2006 年版，第 23 页。

④ 同上书，第 53 页。

来越少的办法”①。

实体经济商品生产的受挫或者说盈利性投资机会的减少，逼使大量闲置资本开拓新的利润增长点。于是，继连通“周围的感性世界”之后，资本又催发出一个前所未有的网络空间，并借助这零度化的分延时空——超地理的共时性和无障碍的脱域性——迅速垄断全球市场，逐渐衍变出国际金融资本这一最高阶也最抽象的资本积累形态。

众所周知，资本生来就厌恶生产，“生产过程只是为了赚钱而不可缺少的中间环节，只是为了赚钱而必须干的倒霉事。因此，一切资本主义生产方式的国家，都周期地患一种狂想病，企图不用生产过程作中介而赚到钱。”② 与传统工商业通过压缩 G－W－G′生产流通周期，加快产业资本循环以创收交换价值不同。现如今的跨国资本运用金融产品和信用制度投机套利，疯狂窃取实体经济生产的剩余价值，轻松实现了 G－G′的直接跨越。由之带来的后果便是，“虚胀实衰”的病态经济结构愈加明显，社会财富分配越发不公，资本增殖率和劳动回报率的“剪刀差”也在日益增大。资本/收入比的持续走高使得“资本主义不自觉地产生了不可控且不可持续的社会不平等”③。可是，股市疯涨终有尽头，繁荣泡沫终将破灭，虚拟资本的过度膨胀和信用体系的肆意扩大定会加速金融危机乃至经济危机的全面爆发，而深受其害的弱国（如 1980 年代拉美主权债务危机中的阿根廷，1997 年东南亚金融风暴受灾国印度尼西亚）为了偿还巨额外债只得贱卖自然资源，输出廉价劳力，这样马太效应不仅在经济层面表露无遗，在生态维度也愈加明显。

在资本时空化重组过程中，早先的资本输出推展到猖狂的金融抢掠甚至残酷的货币战争，导致虚拟资本对实物资产的严重脱节，造成市场价格对社会财富的彻底背弃，引发马太效应对公平正义的无情践踏，社会生态濒临崩溃。这不仅发生在主权国家之间，如核心国家不断将产业空心化、经济虚拟化，依靠夕阳产业转移和金融衍生品交易

---

① 《马克思恩格斯选集》（第 1 卷），人民出版社 1995 年版，第 278 页。

② 《资本论》（第 2 卷），人民出版社 2004 年版，第 67—68 页。

③ ［法］托马斯·皮凯蒂：《21 世纪资本论》，巴曙松等译，中信出版社 2014 年版，第 2 页。

食利边缘国家，以钱生钱坐享其成。而且随着“金融癌症”迅速扩散和信用体系的崩溃，核心国家内部亦出现严重的贫富分化现象，“占领华尔街”抗议活动就旗帜鲜明地打出了“99%反对1%”的标语。于是，与生息资本密切相关的信用制度，“一方面，把资本主义生产的动力——用剥削别人劳动的办法来发财致富——发展成为最纯粹最巨大的赌博欺诈制度，并且使剥削社会财富的少数人的人数越来越减少；另一方面，又是转到一种新生产方式的过渡形式”[①]。自此，资本褪去了虚假的物化外衣，开始了形而上学的自我复制，其作为形式规定性的抽象本质（贪婪性、寄生性和腐朽性）尽显无虞，盛极而衰自行扬弃的历史宿命被彻底激活！

2. 生产条件破坏引发诸种危机集中爆发

资本积累导致社会与自然的物质代谢出现断裂，这直接损害了其赖以发展的生产条件。“生产条件”这一概念是奥康纳基于马克思的生产条件概念和波兰尼的“土地与劳动”范畴所提出的。他把“生产条件”定义为不是在市场价值规律作用下生产出的商品，却被视同商品的一种东西[②]。据此，奥康纳将散见于马克思著作中的有关生产条件的理论做了总结提炼，并划分为三种类型：①“生产的个人条件”，即工人的劳动力。无法与其所有者相分离的劳动力却能在资本市场中自由流通；②“外在的物质条件”，即参与资本生产的自然因素。包括作为生活资料和作为劳动工具的自然财富；③“社会生产的公共条件”，即一般性基础设施。譬如都市空间和交通运输工具。质言之，生产条件涵盖商品化或货币化了的物质和社会行为，表征出人—社会—自然的一体性关系。而资本主义生产方式就是要将这些原本不是商品的生产条件统统打造为“虚拟商品”[③]，以实现利润增殖的目的。但资本显然无法将作为使用价值的生产条件以恰当的方式转化为交换价值，故使得这些生产条件尤其是自然资源招致严重洗

① 《马克思恩格斯选集》（第2卷），人民出版社1995年版，第521页。

② ［美］詹姆斯·奥康纳：《自然的理由——生态马克思主义研究》，唐正东、臧佩洪译，南京大学出版社2003年版，第229页。

③ 卡尔·波兰尼语。

劫，造成了资本主义生产方式与生产条件之间矛盾激化，并随着生产不足现象的日益加剧，最终出现资本生产的流动性危机。与此同时，资本价值的实现性危机持续发酵，资本主义生产力与生产关系之间的矛盾（即价值生产与实现之间的冲突）依旧存在。于是，生产不足（生产供给的瓶颈）和生产过剩（需求实现的障碍）这两个原本相互排斥的经济现象犹如滞胀①一般，悖论性地共存于资本主义社会。

奥康纳由此指出当代资本主义面临双重矛盾，第一重矛盾为马克思所揭示的生产力与生产关系的矛盾，而第二重矛盾是指生产方式（生产力和生产关系）和生产条件之间的矛盾，前者催育出经济危机，后者则滋生了生态危机，并且这两种危机还彼此交叉、互为因果：一方面，经济危机引致生态危机。资本主义的经济始终是同效率迷恋、竞争过度和成本削减联系在一起的，这原本就会导致成本外化和环境破坏。等在经济萧条时期这种现象便会加剧，为了防止资本循环中断必然会大幅削减环保经费，并且无力投资技术创新来改善生态，甚至还可能出于效益考虑重新生产先前被禁物品（如最不负责任但有极高利润可图的农药生产）。另一方面，生态危机造成经济危机。如能源供给紧张带来生产费用高昂，路面交通拥堵导致出行成本攀升，城市土地稀缺引起房屋租金暴涨……这些都会破坏盈利机制，诱发通货膨胀，从而给地区经济乃至国际贸易产生重大影响。20世纪发生的三次“石油危机”② 对全球经济产生的重大负面影响便是显证。奥康纳还简要地举了个实例进一步说明资本积累、经济危机以及生态危机之间的内在关联：20世纪80年代第三世界发生债务危机，

---

① 滞胀全称停滞性通货膨胀（stagflation），特指经济停滞（stagnation），失业不景气及高通货膨胀（inflation）同时存在的经济现象。基于战后宏观经济学理论认为，高通货膨胀是经济增长的体现，不可能与高失业率并存。然而，20世纪70年代西方国家发生的经济危机，使得该理论被事实证伪，凯恩斯主义随即遭到了质疑。

② 之所以加引号是因为到目前为止在全球范围内还未出现真正意义上的石油短缺，石油天然气等能源储备仍相对充足，20世纪发生的三次危机主要是受地缘政治和军事战争的影响（1973年，第四次中东战争；1978年，伊朗政局巨变；1990年，海湾战争）。但不容忽视的是，即便是短暂性的产量匮乏或是供应不畅，也会对全球经济造成巨大冲击。例如，第一次“石油危机”触发了二战以后最严重的全球经济衰退，这不禁让人猜想若当石油或其他资源真的耗竭时会有怎样的事情发生？人类将何去何从？

使得南部国家的生态条件趋于恶化；不断退化的生态条件又加深了经济贫困，同时还引发了政治对抗和社会骚乱，债务危机也随之进一步加深，最终导致这些地区长期陷溺于恶性循环之中无法自拔。

如今的资本主义经济正有计划地吞噬维系它的生态资源并破坏自身的生产条件，而这个生产条件也正是人类生活的基本条件。资本的这种自反性特质造成了包括经济危机、生态危机、政治危机等一系列危机的集中爆发，从而让人们越发认识到，资本本身就是“一个活生生的矛盾”。

（二）资本主义社会的系统性危机与全局性失控

资本逻辑主导的现代化进程造成社会与自然物质代谢的裂缝加深，以及生产不足与生产过剩的交织互演，生态危机、经济危机、政治危机、粮食危机，乃至道德危机都只是表征人类生存风险和发展困境的不同面相。这些危机“时而主要是在空间上并行地发生作用，时而主要是在时间上相继地发生作用；各种互相对抗的因素之间的冲突周期性地在危机中表现出来。危机永远只是现有矛盾的暂时的暴力的解决，永远只是使已经破坏的平衡得到瞬间恢复的暴力的爆发”①。所以，如果说早先的资本主义社会中的危机还只是表现在周期性的可调节的经济危机的话（它甚或是资本主义发展的驱动力），那么今天呈现出的资本主义危机已然是包罗万象的不可调控的结构性危机：它在范围上是空前广泛的，而非局限于几个特定国家和地区；在特征上是普遍系统的，并不只是发生于某些特殊领域；在时间上是持久作用的，决不仅仅是周期性或暂时性的；在程度上是不断加剧的，危机的多元重叠性和迁延连发性为全面爆发共时态的灾难性危机提供了可能。今日的资本拜物教盛行使得资本主义社会罹患上严重的机能性障碍和全局性失控的风险，其发展潜能总体上呈衰竭态势，其生产方式更愈益成为地球生命不能承受之重，因而也就在根本上触碰到了人类存续不可逾越的生态红线。

---

① 《资本论》（第3卷），人民出版社2004年版，第277页。

第三章

资本主义生态修复的悖谬

随着时间推移，资本俨然已是众人膜拜的时代图腾，但有限的地球环境容量却再难吸纳下它那无尽增扩的规模，不断开启的“时空修复”① 相继失效，酝酿许久的生态灾变终将连同其他危机一并迸发，造成资本环流的系统性中断和全局性失控。然而，许多欧美环境管治专家无视高悬头顶的达摩克利斯之剑，依旧自信在资本制度架构内、通由市场激励、纳税计划、技术创新、环境立法和风险转移等一系列所谓的改良策略即可轻而易举地止息自然风险，完成自然极限的超越和资本主义的生态重建。

一　资本主义生态重建的谎言

伴随人们环保意识的逐渐觉醒和绿色运动的全球兴起，资本主义政权也并不否认生态危机的现实严重性，但它拒绝承认这是资本主义本身的危机，或者说没有认识到破坏生态环境的行为是内在于资本主义制度的。因此，面对日益危重的生态问题，当前占统治地位的利益集团回应的首要原则就是竭力避免将其同资本主义社会性质牵扯挂钩，并转而采用技术修复、市场机制和转移策略的救治方案，辅以一些零敲碎打式的边际修补，试图在资本制度框架内完成环境重建和生态修

① 大卫·哈维语，喻指一种借助时间延迟（基建项目长期投资）和空间释放（地理扩张吸收盈余）调和资本生产结构性危机的避险方法。参阅［英］大卫·哈维《新帝国主义》，初立忠、沈晓雷译，社会科学文献出版社2009年版，第94页。

复。统而言之，就是将资本与生态糅合在一起，构筑生态资本主义社会。他们预想，在这样的社会里，资本经济可以实现恒久增长的夙愿，而毋庸担心人类社会和地球生态之间再次出现物质变换的断裂。

生态马克思主义对此却颇有异议。他们认定无尽追求资本增殖所引致的生态破坏并非资本主义的偶然性特征。相反，它已经渗进该体制的基因之中，根本无法通过改良摘除掉。任何脱离制度的孤立性改进，都将不可避免地被资本逻辑的无情扩张所湮没并积欠下更多的生态债务。对资本积累的痴迷是资本主义与其他社会制度的最大区别，“以资为本”是它的核心精神和根本阈限，生态文明与资本主义是相互抵牾、截然对立的两个领域。因此，“这究竟是怎样的一种办法呢？这不过是资产阶级准备更全面更猛烈的危机的办法，不过是使防止危机的手段越来越少的办法。”①

（一）绿色技术法的局限

尽管科技运用对生态系统的影响一直饱受质疑②，但众多环保NGO和政府决策者仍对技术性克服环境挑战充满信心。面对愈发棘手的生态问题，“当前存在着这样一种观念共识，即认为我们已经掌握了消释生态危机的技术手段。伴随基因组的成功破译、信息技术和通信工程的惊人创举、诸如燃料电池等低污染能源设备的投放面市、应用科学的长足进步以及宣传工具的大肆鼓噪，人与自然的冲突似乎可以轻易消解”③。即是说，时下越来越多的拥趸者坚称，技术的良性改造是所有积极环境政策的核心环节，它能够帮助人类有效治愈生态圈。

“绿色技术法”何以备受青睐？这盖因于西方社会的统治精英们无时无刻不在向人们灌输着这样一种观点：只要借助技术革新来不断

---

① 《马克思恩格斯选集》（第1卷），人民出版社1995年版，第278页。

② 如本书第一章第四节“科技原罪说”中所述，包括巴里·康芒纳、马丁·海德格尔和弗·卡普拉在内的诸多学者都将科技生产视为造成环境严重退化的罪魁祸首。作为IPAT公式里最重要的变量，生态学家一贯主张在减少人口数量、控制消费水平的同时，更须竭力压缩技术规模。

③ ［美］Joel Kovel. *The Enemy of Nature*：*The End of Capitalism or the End of the World*? ［M］. London & New York：Zed Books Ltd，2007：169.

提高资源利用效率，并采纳良性生产工艺清除污染源头，进而实现无物耗的非传统型经济增长模式，就可保障资本主义生产机器的顺畅运转而毋庸担心会由此突破环境容量的承载上限。简言之，富裕的西方国家推崇自身的技术优势，自信能在矫治环境的同时亦不耽误资本扩充和无度消费。然而，高新技术的应用果真能达到这种双赢的奇效吗？生态马克思主义学者对此皆嗤之以鼻，他们从引入“杰文斯悖论”这一概念出发，证伪了仅凭技术改进通达生态文明的可能。

1. “杰文斯悖论”的再现

毫无疑问，通过提升单位生产效率，尤其是能源利用方面的某些边际改善确实可以产生一定的经济与环境效益。但按照这种思路进行的生态现代化不仅无法缓解巨大的环境压力，甚至还会加快资源瓶颈期与污染爆发期的提前降临。因为它源于一种资金密集型和能源密集型生产所推动的经济增长结构，在这个依赖不断开发自然资源以保持经济增势的体制中，单位能耗下调所引发的需求总量的普遍激增，以及生产规模的迅速膨胀终将抵消节能减排所带来的短暂环保效益。所以，“只要我们的社会经济秩序把追求个人财富增长作为个体自由的手段，那么增加效率只能意味着对环境更有效的开发，并给生态系统的生存带来灾难性的威胁。”① 具体到石油资源的开采问题上就是，石油枯竭会随着提炼和消耗它的技术升级而提速。因为这方面的技术改进会使以石油为原料的产品价格走低，从而刺激消费者更多地去购买使用，最终经由市场价格机制反馈给生产商，造成市场交易量的大幅上扬和石油吞吐量的加倍扩增。这便构成了生态经济学家所称的“杰文斯悖论”② 现象，即在关注宏观经济数据的研究人员看来，针

---

① ［美］约翰·贝拉米·福斯特：《生态危机与资本主义》，耿建新、宋兴无译，上海译文出版社2006年版，第51页。

② 威廉·斯坦利·杰文斯是19世纪著名的英国经济学家，边际效用理论创始人之一。他在其成名作《煤炭问题》第七章“论燃料经济”中提出的一个命题，被环境经济学界称为“杰文斯悖论”：技术革新使得蒸汽机燃煤能效显著改进，原料成本大幅降低，生产规模由此迅即扩张，从而导致了需求总量不减反增的矛盾结局。其实该悖论在工业资本主义发展史上一直适用，资源利用效率的提升始终伴随着经济体规模的膨胀，所以也持续造成着自然生态系的恶化。

对某些自然资源利用效率的技术改进会导致生产规模迅速膨胀，故而不是缩减而是增加了对该资源的总体需求。因此，“认为燃料的经济利用等同于减少消费，这纯粹是一种思想混乱。真实的情况恰恰相反。根据许多并行实例普遍证实了的原则，新的经济模式一般都会导致消费的增长，同样的原则也更明显有力地适用于煤炭这种普通燃料的消费。正是使用煤炭的经济性，导致其广泛的消费。”① 杰文斯接着详细阐述道，整个蒸汽机的历史无非是它在运用过程中经济规模持续攀高的历史。“蒸汽机的每一次成功改进都进一步加速了煤炭的消费。每个制造行业都获得了新的发展冲动，手工劳动进一步被机械劳动所取代。”② 其实在资本主义发展史上，技术创新特别是资源利用率的提升始终伴随着数次工业革命和社会财富增殖，可引致的结果却使地球生态系统的不堪重负。杰氏悖论描述的这种效率和规模的正比例关系，及由此延伸出来的同环境质量的反向关联，仍被证实合乎直至今日的资本经济，汽车行业和海洋渔业就是两大最好例证。

众所周知，日新月异的汽车技术使得燃油效率一直在稳步抬升，今天的汽车百公里油耗更低，行驶里程也更长。可省油价廉的小排量汽车非但没有达成降耗节能的预期目标，反倒勾起了民众日益高涨的消费意愿。尤其是迈入汽车社会不久的中国，仅用了十年时间汽车保有量就超日赶美，跃居全球次席。汽车数量的翻番导致能源价格猛增，道路拥堵、土地稀缺、资源浪费和环境污染等现象随之而来。2013 年 2 月，中国科学院“大气灰霾追因与控制”专项组公布的研究结果显示，机动车尾气排放是北京地区 $PM_{2.5}$ 的最大来源，连同燃煤、工业、扬尘、外来输送等因素一道制造了这场遮天蔽日经久未散的雾霾危机。汽车消费飙涨的危害还远不止于此，其产生的温室气体对于全球变暖的贡献巨大。“在美国，几乎 1/3 的二氧化碳是由汽

① 杰文斯语。转引自［美］约翰·贝拉米·福斯特《生态危机与资本主义》，耿建新、宋兴无译，上海译文出版社 2006 年版，第 88 页。

② 转引自［美］约翰·贝拉米·福斯特《生态危机与资本主义》，耿建新等译，上海译文出版社 2006 年版，第 89 页。

车、卡车、飞机及其他各种交通工具排放出来的。"① 这种汽车工业联合体目前处在我们石油依赖的中心，并且占据了二氧化碳排放的最大份额。所以，"仅仅将二氧化碳视为技术问题或燃料效率问题是错误的，因为我们早已拥有了避免二氧化碳在大气中快速集结的技术"。"但是，资本积累的驱动促使发达的资本主义国家走上了最大限度依赖汽车的道路，因为这是创造利润的最有效的方式。"② 正因如此，绝大部分统治阶层都希望研发出更高效的技术以生产单位能耗更低的汽车，甚至转向使用更清洁能源的汽车，却不愿大规模发展公共交通网络。即便后者无论就大幅降低二氧化碳排放，抑或是快捷运送乘客方面皆更为出色。

海洋渔业的技术改进，带来的不是水产资源的良序开采而是过量捕捞所造成的整个海洋生物链破裂。冷冻技术的发明保障了船只持续捕捞的能力而不必每天往返于港口和渔场；雷达、声呐和卫星定位设施的配备能有效地捕捉到即时鱼汛；漂网捕鱼、气泡拦鱼等声光电技术的综合运用实现了更经济的大规模作业……其结果可想而知，越来越多渔场里的捕捞强度都跨越了可持续的极限。自 20 世纪中叶起，全球渔业船队的捕捞区域扩张了 10 倍。到 2006 年，1 亿平方公里即大约 1/3 面积的海洋已经受到渔业的严重影响。与此同时，全球捕捞量增长了近 5 倍，从 1950 年的 1900 万吨上升到 2005 年的 8700 万吨。由于高效率的过度围捕，全球捕鱼量尤其是一些大型肉食性鱼类的捕获率已经急剧下滑。2002 年联合国粮农组织公布的数据显示，高达 75% 的海洋鱼类都以超过其繁殖能力的方式被捕捞，时至今日这一比重显然会进一步增大。尖端科技的利用谋求的不是去保护鱼类生存或者增加鱼群数量，而是尽其所能地去搜捕每一条漏网之鱼。令人悲哀的是，尽管人们直觉到这会导致海洋生态群落的灭顶之灾，但市场却未能给出正确的反馈信息以促使捕捞者不再过度贪恋海洋鱼类

---

① ［美］阿尔·戈尔：《难以忽视的真相》，环保志愿者译，湖南科学技术出版社 2008 年版，第 311 页。

② ［美］约翰·贝拉米·福斯特：《生态危机与资本主义》，耿建新、宋兴无译，上海译文出版社 2006 年版，第 92 页。

等共有资源。恰恰相反，市场通过提高鲑鱼、金枪鱼、深海鳕鱼等鱼类价格所发出的稀缺信号，鼓励和回报了生产商更多的捕捞努力，海洋环境由此每况愈下。① 因此，若无极限概念和制度要素的约束，技术和市场迟早都将沦为引发过冲的工具。

所以，认为单凭效率改进就能延阻生态恶化的梦想绝不现实。技术解决方案不仅要遵循热力学基本定律，还要受到资本主义自身规律的规制。进言之，技术革命究竟能否消解生态问题，必须充分考虑资本主义的财富增殖原则对于技术的主导性作用。因为，“自亚当·斯密以来，主流经济学家都认为，资本主义是一种直接追求财富而间接追求人类需求的制度。实际上，第一个目的完全超越和改造了第二个目的。……这种对资本积累的痴迷是资本主义与所有其他社会制度的主要区别”②。诚如马克思所言，财富积累是资本主义社会的摩西和先知，除了间或被周期性的经济危机打断，资本追逐利润的脚步就从未停歇。“资本主义解决生态问题的最终方法是技术性的，因为对资本主义体系内部进行根本性的改变是有限度的。但资本主义发展模式造成了对生态环境的广泛破坏，这是资本主义制度的贪婪性所决定的，在自然资源利用上的任何技术改进，其作用的发挥均将被这种贪婪的发展模式所淹没。”③ 故而，在痴迷资本积累而不计任何后果的现行工业体系框架内研发高效技术非但毫无意义，而且还会引致生产范式的非理性升级和生态系统的裂痕加深。

2. 高新技术的非切实可行

高效技术带来的生产扩容，使得资源的需求量亦水涨船高。化石燃料价格的高企严重挤压了盈利空间，倒逼市场寻觅可再生的替代性能源。于是，唯科学主义者愈发热衷于探讨和憧憬再生能源的应用前

---

① ［美］德内拉·梅多斯、乔根·兰德斯、丹尼斯·梅多斯：《增长的极限》，李涛、王智勇译，机械工业出版社 2006 年版，第 211—216 页。

② ［美］约翰·贝拉米·福斯特：《生态危机与资本主义》，耿建新、宋兴无译，上海译文出版社 2006 年版，第 90 页。

③ ［美］约翰·贝拉米·福斯特：《失败的制度：资本主义全球化的世界危机及其对中国的影响》，吴娓、刘帅译，《马克思主义与现实》2009 年第 3 期。

景，他们认为诸如太阳能、水能等潜能巨大又清洁可靠，应敞开供给以满足日益旺盛的能源消费，且还可借此弥补数百年工业化进程所犯下的环境罪责。但人们或许会心生疑窦了：早在半个世纪前光伏技术就发明问世，水能利用已有数千年历史，生物能更是从太古时代就开始使用，可它们为何一直未被规模开发，并成长为主导性能源呢？

借助科技革新引导市场消费清洁再生资源，的确有助于破解矿物能源的供给瓶颈。但这些能源还无法实现自我再生，即是说其所需的作业设备和配套设施仍要依靠化石燃料制造和碳耗经济支撑，也依旧会造成不良的环境后果。所以，罗马尼亚著名经济学家尼古拉斯·乔治库斯–罗根区分了“可行的技术”和“非切实可行的技术”，而期盼此类在理论上可行的寄生型技术去实际消解生态危机，显然是非切实可行的。况且它们较之于传统能源还存有许多劣势：先说最被看好的太阳能，虽然取之不尽，但受时间和天气因素限制较大，无法保障持续稳定供电。加之光伏发电成本居高不下，占地面积广阔，故而一时难以推广普及。先前曾有报道，一盏太阳能路灯需要上百年才能完全收回成本；相对来讲，水电站或风电站对选址要求显然更高，建设工期与成本回收也会更长。更重要的是，二者极易受到气候变化、地质灾害等自然条件和突发状况的影响；核能利用的安全性问题则一直广遭质疑，尤其是历史上已经发生了数起辐射外释事故，最近一起特大核泄漏事故（即 2011 年日本福岛第一核电站事故）距今也才短短三年。核废料的处理安置同样未有万全之策，深埋地下终究不是长久之计；生物燃料源于玉米、甘蔗、油棕等制成生物乙醇和生物柴油，暂且撇开它饱受诟病的运营绩效和能量转换效值，光是生物能源政策霸占大片肥沃良田，人车争食直接推涨全球粮价这一点就已完全让人无法接受。据估算，家用吉普加满一箱油消耗的玉米，相当于非洲穷国成年男子一年的口粮。此等“损不足以奉有余”的技术逻辑大行其道，导致全球粮食危机雪上加霜，并引发了贫困受灾地区的政治动荡和社会混乱。

除了上述耳熟能详的替代技术，时下还有一些更加大胆冒进的技术性尝试。虽说已有“生物圈Ⅱ号”（Biosphere 2）试验失败[①]作为前车之鉴，却丝毫阻挡不了人们对技术纾困的盲目乐观。以应对全球变暖为例，发达国家首脑及能源巨头对于《京都议定书》这样并不严苛的协议[②]也都百般阻挠，甚至转嫁规避减排和出资义务，并转向了数项怪诞离奇、近乎疯狂的碳吸收技术（即经由技术手段将游离的二氧化碳等温室气体固化和储存起来）的研发工作。早在2001年美国前总统小布什就坚称，科技进步——特别是碳捕捉、收集和存储方面的技术突破——会给人们带来减排希望。奥巴马政府上台后更宣称，计划在未来十年投入数亿美元进行CCS[③]项目试验。而欧洲则直接制订了CCS推广时间表，碳捕集技术俨然已成能源市场的投资新宠。但生态马克思主义者对此普遍持唱衰论调，他们认为该技术虽然原理简单但运作复杂，且具有高耗能、高耗资和高泄漏风险等太多不利因素，总之是个未经验证、很不严谨的技术手段。可相比于接下来介绍到的两项荒谬绝伦的技术设想而言，碳捕集技术只能算是小巫见大巫了：一是遮罩太阳计划。通过建造功率超高的浮云发生器向大气圈层输送大块云雾微尘或是利用推力惊人的电磁发射器往太空轨道喷射大量玻璃镜片，目的都是为了阻拦和回射炙热的太阳光以遏制地球持续升温；二是培植海藻计划。科学家认为，就像陆地植物可以捕获

---

① 生物圈Ⅱ号是美国亚利桑那州图森市以北沙漠中的一座微型人工生态循环系统，历时八载耗资数亿建成，因把地球本身称作生物圈Ⅰ号而得此名。1991年，首批8名科研人员进驻该系统，在人造密闭空间内开展模拟地球生态演变的各项研究，重点测试人类能否于仿真生物圈中生活和工作，并摸索在宇宙载人探险和未来地外星球定居中封闭生态系统的功用。然而随着时间的推移，生物圈Ⅱ号的大气组分出现失衡、碳循环发生障碍、动植物加速灭绝，最终导致实验失败。实验结果说明，人类至今没法洞悉复杂的生态系统，更无力建造避灾的诺亚方舟，我们唯一能做的就是审慎评估技术功用，妥善经营地球家园。

② 政府间气候变化专门委员会（IPCC）预计1990—2100年间，全球气温将升高1.4℃—5.8℃，而即便遵照京都议定书预定目标严格执行，到2050年也仅能把气温的升幅减少0.02℃—0.28℃，相差甚远。可即便是如此温和的协议，经多方博弈也依旧没能形成行动共识。

③ CCS，英文全称Carbon capture and storage，即碳捕获与封存。顾名思义，就是一种将工业和其他碳排放源产生的CO_2进行收集、运输并安全存储到某处，从而使其长期与大气隔离的过程。涉及CO_2的捕获、运输和长期封存三个主要环节，即首先将CO_2从化石燃料燃烧产生的烟气中析离出来；接着将析离并压缩后的CO_2通过管道或运输工具运至存储地；最后将运抵存储地的CO_2注入到诸如地下盐水层、废弃油气田、深海海底等能够安全封存的地质结构中。

二氧化碳一样，刺激海藻也可实现这个目标。所以，他们主张用硫酸铁为肥料促进海藻及浮游生物的生长，从而增强投放海域的碳吸附能力，最终起到降低空气中二氧化碳含量以减缓全球暖化速度的意图。此外，还有诸如海水搬运方案、地层吸纳工程等等一连串奇思怪想亦均被列入考虑范围，其规模之巨、愚蠢之极就连电影里星球大战的防御系统都自叹弗如。

但此类研究获取大笔资助并得到高度关注的事实却说明，通过强制减排给地球降温的办法远不如科幻技术的解决方案受人欢迎，即便后者会让我们重蹈浪费覆辙。如今，这些听起来似乎是天方夜谭的念想已然成了激进政治家和经济分析师的口头禅。而之所以出现这样的局面，归根到底应归结于资本逻辑的作祟。正是顽固的逐利冲动使得资本主义制度绝不允许其发展道路发生偏转，不愿接受世界能源消费总量必须有序递减这一基本事实。对它而言，完好无损地延续现有能源消费基础结构和碳耗经济增长模式才是收获高额利润回报的关键——尽管从环境角度看来，人类必定会为这份固执牺牲更多宝贵财富。

3. “非物质化”的虚妄

当然毋庸讳言，西方富裕国家在越过了环境库兹涅茨曲线拐点之后生态状况确有明显改观（其背后动因可由经济结构低污染化，治污技术水平提高及富裕人群注重生活品质等角度予以解释），技术发明促进低碳产业的蓬勃发展更是有目共睹，但沉浸于“普罗米修斯主义”的科技万能迷思中沾沾自喜则为时尚早，断言资本社会已经同“大量生产—大量消费—大量废弃”的线性增长模式脱钩更与实际不符。由《各国的重量：工业经济体的物质排放》（World Resources Institute，2000）出具的统计数据显示：虽说 GDP 和物质外流的比率已有下降，但从物质流向的绝对总量看来，美国、德国、日本和澳大利亚等国的能源投入和废物产出还在稳步增加，燃烧矿物能源仍然是支持它们经济活动的基本要素，大气层、海洋等公共领域也照旧是处理废物的主要排放地。例如，美国从 1975 年到 1996 年向外倾泻的有毒危险废物量增长达 30%。这份研究报告一再强调，即便借由技术和新型管理模式能够创造可观的生态收益，也还是难以填补经济规模增扩所带来的额外消耗。[①] 所谓“非物质化”（dematerialization）承诺不过是张无法兑现的空头支票，鼓吹彻底告别“烟囱工业”步入信息社会也只是一场自欺欺人的骗局。

虽说学界关于非物质经济或者说经济的去物质化这一概念的具体表述和界定尚存分歧，但基本意涵是：在保障生活质量的前提下，通过技术创新等方式最大限度地减少生产消费过程中物质资源的投放量，并竭力用非物质形式取代有形物质产品来满足人们的需要，以此推动社会经济的良性发展。然而，著名生态经济学家赫尔曼·戴利却对这种非物质经济理论提出了尖锐批评：“某种程度上‘非物质化’对于提高资源生产力（即减少服务的流量强度）而言，只是一个奢侈的术语，因此我们应该竭尽所能地抛弃它。有人在这个术语的较为限制的含义上已经做了非常出色的工作（例如德国的伍珀塔尔研究所）。但是以为使经济非物质化或使其与资源‘脱耦’，或用信息来代替资源就能拯救‘永远增长’的范式，那是做白日梦。我们确实可以移向食物链的下端，但我们不可能吃处方！”[②]。所以，发达经济体在实现质量性改进的同时并没有阻遏数量性扩展的步伐，资本携手环境无害化技术实践亦未能将经济增长同污染排放顺利解链，而把生态系统融入更具创新驱动力的知识经济体这一宏伟蓝图也就成了虚无缥缈的海市蜃楼。殊不知，发达国家的环境改善主要源自制造业外迁而非新科技革命，吹嘘无物耗零排放的循环经济可以护佑生命无异于痴人说梦，因为这显然违背了不可无中生有的物理学常识和万物皆有去向的生态学法则。

因此，过分夸耀技术奇迹无力摆脱生态危机，唯有跳出局促的技术视野深入探察经济制度才可创建环境友好型社会。I·梅扎罗斯即是在这一致思理路下指出：“如果认为‘科学技术能最终解决所有问题’，这是比相信巫术还要糟糕的；因为它带有倾向性地忽视了当今科学技术的破坏性社会内涵。从这个角度上说，问题也不在于是否利

---

① 引自［美］约翰·贝拉米·福斯特《生态危机与资本主义》，耿建新等译，上海译文出版社2006年版，第15—16页。

② ［美］赫尔曼·E. 戴利：《超越增长——可持续发展的经济学》，诸大建、胡圣等译，上海译文出版社2006年版，第32—33页。

用科学技术来解决自己的问题——因为明显地我们必须这样——而在于我们在彻底改变它们的方向方面能否取得成功，而这一方向是受利润最大化的自我永恒化的需要狭隘地决定和限定的。”① 正是资本主义生产的既定目标决定了其挑选的技术不可能遵循生态学原理，那些善待自然却无利可图的技术定会招致拖延遏抑、弃置淘汰的下场。易言之，追求利润最大化的资本主义经济制度终将把新技术所蕴含的各种减少盘剥自然（包括人身自然）的可能性统统视作障碍加以清除。身处这种创造性毁坏过程中的资本主义制度，势必粗暴地夷平一切阻挡其残酷积累的种种环境质碍，资本文明史的加速度背后便是自然界日益腐败的梦魇。所以，人类即使借助科技力量渐渐学会认清自身活动的间接的、较远的社会和生态影响，因而也有可能去控制与调节这些影响——就像《难以忽视的真相》这部纪录片中所展示的，通过科技手段已经预见全球变暖的可怕后果和采取相应措施共同行动所能达到的具体效果——“但是要实行这种调节，仅仅有认识还是不够的。为此需要对我们的直到目前为止的生产方式，以及同这种生产方式一起对我们现今的整个社会制度实行完全的变革”②。

其实，将技术定性为生态危机的始作俑者也好，追捧成拯救地球的特效工具也罢，两者虽貌似对立却实则相通，即都同样是犯了技术决定论的错误。“技术的选择不是在孤立状态中进行的，它们受制于形成主导价值观的文化与社会制度。”③ 因此，“如果仅仅提出一项尽管必不可少但已不言自明的倡议，即科技须与自然协调发展，这实际上忽视了驾驭科技发展的社会结构、政治结构，尤其是经济结构。”“纵贯整个工业时代，这些经济力量一直决定着技术创新的步伐、技术的选用，以及技术向全球经济拓展的方式。”④ 一言以蔽之，新技

① ［英］I. 梅扎罗斯：《超越资本——关于一种过渡理论》（下），郑一明等译，中国人民大学出版社 2003 年版，第 1027 页。

② 《马克思恩格斯选集》（第 4 卷），人民出版社 1995 年版，第 385 页。

③ ［美］丹尼尔·A. 科尔曼：《生态政治——建设一个绿色社会》，梅俊杰译，上海译文出版社 2002 年版，第 31 页。

④ 同上书，第 30 页。

术——尤其是基于太阳、风力和潮汐等可再生能源——当然是必要的，但真正能解决问题的不是技术，而是社会经济制度本身。

（二）自然资本化的荒诞

对于包括迫在眉睫的气候变暖、生物锐减在内的诸多生态问题，资本主义国家并不缺乏现成的解决方案。除了革新技术之外，另一极具代表性的则是以新古典经济学为首的西方经济学给出的建构理论。作为当前环境经济学的主要分支，他们对于资本市场消弭危机的潜能普遍持乐观态度，主张自然退化正是市场缺位和价格失语的结果，并强调若能把先前未曾沽价的环境资产完全融进市场供求反馈机制，那么资源浪费现象和生态污损困局自会迎刃而解。由此，他们鼓吹通过设计绿色核算的会计系统将整个星球纳入资产负债表以确保社会经济不断增长。作为世界企业永续发展委员会创始人之一的瑞士实业家斯蒂芬·斯密德亨尼就认定，自由市场是消除环境问题的最佳手段，良好的生态效益取决于市场自我调控机制的进一步放活，处理市场失灵的办法就是创造更充分的宏大市场。美国知名学者莱斯特·R. 布朗更明确指出，要想拯救地球延续文明，惟有“迅速进行体系上的变革，建立起以反映生态真理的市场信息为基础的体系”[①]，即通过赋予环境破坏以经济成本的方式来健全和匡正现行的市场价格体系。总之，二人基本沿袭了源自亚当·斯密经济学的惯用法则：以私有化公地或外部性内化的方式，达成明晰的市场产权机制，将生态环境囊括进市场中作为资本经济的子系统。就配置资源而言，则是通由释放价格信号和税收征缴去调控市场供需，实现减少物耗提高能效。就治理污染而言，便是要让造成负外部性的个人或公司承担相应责任，实现“谁污染谁付费”。

这里还需说明的是，在广义的环境经济学领域中，与新古典环境经济学观点迥异的还有生态经济学。后者承袭的是尼古拉斯·杰奥尔杰斯库－勒根、赫尔曼·E. 戴利等人的传统，他们将热力学（熵定

---

① ［美］莱斯特·R. 布朗：《B模式：拯救地球延续文明》，林自新、暴永宁等译，东方出版社2003年版，第185页。

律）应用到经济学，强调增长局限，主张稳态经济，并坚称只有通过价值观和制度性变革，才能有效消解愈发加深的生态危机。新古典经济学和生态经济学的根本分歧在于，前者认为人造资本是生态函数中的稀缺要素，是经济增长的限制性要素，它和自然资本在总体上呈替代性关系。其隐含的逻辑假设是，包括煤炭、石油在内的天然资源和其他人工材料一样都只是生产函数中普通元素；而后者则遵循物理学原理，指出在当下这一“满的世界”里，地球生态系统所供给的产品和服务日益短缺，与人造资本却越发雄厚相反，自然资本正迅速成为制约因素，两种资本类型之间更多表现出的是互补性关系。埃里克·诺伊迈耶由此将这两种截然对立的经济范式，做了“弱可持续性”和“强可持续性”的简明划分，并强调如若认可后一种假设，则将整个生态结构分解换算成自然资本并纳入市场运行的臆想就会破灭。当然，尽管诸如生态经济学等俨然不同的理论在罗伯特·科斯坦扎、赫尔曼·戴利、保罗·霍肯等学者的努力之下逐渐发展壮大，但相对而言环境经济学领域内大部分工作仍旧是在占据支配地位的新古典经济学框架中开展着。

新古典环境经济学家为内化环境成本创建了系统的实施方案：第一步，把环境肢解为各类特定的物质组件或市场服务，将其从生物圈乃至整个生态系中析离出来，以便在某种程度上使其化约或降格为与人造物一般无二的普通商品；第二步，借助所建立的供求曲线，并运用“快乐询价法”、“偶然评估法”、“生产函数法”等来调查核算消费者的支付意愿，进而设定相应物件和服务的预估价格，由此确保经济学家们量度出具体的环保成本；第三步，以期望实现的环保水平为基准，设置诸种市场机制、税收政策，调整现有市场价格且开发出新的资本市场，最终凭借市场体系的自我调度来解决环境污染和生态恶化难题。[①] 然而，莱斯、福斯特等生态马克思主义者却用大量事实理据驳斥了这种“自然资本化”或称之为“环境商品化”做法的错误

① 见［美］约翰·贝拉米·福斯特《生态危机与资本主义》，耿建新、宋兴无译，上海译文出版社 2006 年版，第 19—22 页。

导向和虚妄本质，强调其整套方法论都“建筑在环境能够并应该成为自我调节的市场体系的乌托邦神话基础上”[①]，因此“把环境质量问题归属于无所不包的经济核算问题那就会成为落入陷阱的牺牲品。按照这种思路，结果是完全把自然的一切置于为了满足人的需要的纯粹对象的地位”[②]。

1. 成本效益原则的质碍

该方案预设的前提是笃信环境可以分割量化为对应的商品服务，但生态环境的公共性、整体性和外部性特征表明，并非所有自然要素都能成功融入资本范畴，市场化充其量只能舒缓部分易于清除且不影响资本创盈的短期风险（如开展汽油去铅清洁化进程，推进水电资源阶梯式价改等），而对于那些同资本主义生产生活方式紧密相连且严重威胁全球生态的持久难题（如减少温室气体恣意排放，杜绝高危垃圾越境转移等）则未见改观。其中，诸多环境资源的间接损益无法准确定价是“评估地球成本”所面临的关键质碍，充分反映商品生产和消费所包含的环境成本几无可能，更勿提要在商业市场结构中估价如此规模的广袤自然并将社会和环境成本全部内化。

事实上，马克思早就指认：“一个物可以是使用价值而不是价值。在这个物并不是通过劳动而对人有用的情况下就是这样。例如，空气、处女地、天然草地、野生林等等”[③]。所以给“没有任何对象化劳动”（因而没有交换价值）的瀑布、土地，以及其他自然力标价“完全是一个不合理的表现”。只是“在它背后隐藏着一种现实的经济关系”[④]，即财产私有权所产生的特殊占有关系，才使得本无竞争性和排他性的公共自然物拥有了虚幻的价格形式，具备了某种形式的实际归属。他在描绘资本主义社会时写道：“只有资本才创造出资产

① ［美］约翰·贝拉米·福斯特：《生态危机与资本主义》，耿建新、宋兴无译，上海译文出版社2006年版，第22页。

② ［加］威廉·莱斯：《自然的控制》，岳长岭、李建华译，重庆出版社2007年版，序言第3页。

③ 《马克思恩格斯选集》（第2卷），人民出版社1995年版，第119页。

④ 同上书，第555页。

阶级社会，并创造出社会成员对自然界和社会联系本身的普遍占有。由此产生了资本的伟大的文明作用；它创造了这样一个社会阶段，与这个社会阶段相比，以前的一切社会阶段都只表现为人类的地方性发展和对自然的崇拜。只有在资本主义制度下自然界才不过是人的对象，不过是有用物”①。杰出的经济史学家卡尔·波兰尼也表达了类似的看法，他把土地②同劳动力、货币一道称为“虚拟商品”，因为“三者之中没有一个是为了出售而生产出来的”③，“但针对它们的这种为市场而生产的虚构却成了社会的组织原则。”④ 奥康纳在《自然的理由》一书中高度评价了二者的独到见解并指出，“市场以其对待劳动力和公共性生产条件的方式，把外在的或自然的条件设定为虚拟的商品。今日的新古典经济学家们以其近乎疯狂的‘独创性’，试图给清洁的空气、诱人的风景及其他的一些怡人的环境、荒野地带，甚至雨林贴上价格的标签。不过，不管资本在多大程度上被运用于土壤和水资源的利用，海岸线及矿产的开发，它们仍然是由上帝所创造的，上帝把它们创造出来并不是为了让它们在世界市场上被出售”⑤。福斯特更撰文专门论述了经济简化论的环境及社会后果，他坚称自然绝非按照价值规律生产出来的待售商品，也无法根据消费者个人好恶组建成自由市场，甚至在很大程度上亦不能成为私有财产。在经济决策中将自然看作经济的一种必要生产条件，实现对环境的有偿开采、

---

① 《马克思恩格斯全集》（第46卷上），人民出版社1979年版，第393页。

② 波兰尼这里所的土地有别于我们今天通常狭隘意义上理解的土壤田地，而是如同利奥波德所指涉的包含了土壤、水和动植物的广义概念。“土地不过是自然的另一个名称，它并非人类的创造”。——［英］卡尔·波兰尼：《大转型：我们时代的政治与经济起源》，冯钢、刘阳译，浙江人民出版社2007年版，第63页。

③ ［英］卡尔·波兰尼：《大转型：我们时代的政治与经济起源》，冯钢、刘阳译，浙江人民出版社2007年版，第63页。他在第六章“自发调节的市场与虚拟商品：劳动力、土地与货币”中再三强调了该点，比如“劳动力、土地和货币的商品形象完全是虚构的”（P63）；“当然，它们并不能真正被转变成商品，因为实际上它们并不是在市场上销售而被制造出来的”（P65）。

④ ［英］卡尔·波兰尼：《大转型：我们时代的政治与经济起源》，冯钢、刘阳译，浙江人民出版社2007年版，第65页。

⑤ ［美］詹姆斯·奥康纳：《自然的理由——生态马克思主义研究》，唐正东、臧佩洪译，南京大学出版社2003年版，第233—234页。

使用以及排污，虽说表征了人类生态意识的觉醒且能取得一定的短暂收益，但“这有可能避开两个核心问题：是否所有的环境成本都能实际内化到一种创造利润的经济环境之中，以及这种成本的内化如何说明在有限的生物圈内扩大经济规模的成效。只需想一想汽车—石油工业在内化社会和地球成本过程中的付出，及其这种付出给我们的城市、地球大气和人类生活质量带来的问题，内化外部成本的困难便昭然若揭”[①]。简言之，在现行的生产关系中意图将环境财富恰当地揽入商品再生产循环里犹如痴人说梦。任何允许以资本盈亏底线的专断来主导我们与整个生态关系的企图都将引致灾难性结局。

尽管新古典环境经济学家们煞费苦心地想出了通过“或有评估法”、“支付意愿法”、“能值分析法”和“恢复费用法”等一系列方法给生态系统中各组成要素测算货币价格，以求真实还原和客观反映出自然环境的确切价值，进而通过建立健全的市场供求体系合理调配资源、实现永续发展。但殊不知，“真正的可持续性关注整个生态系统的再生产，而给自然的某一部分——比如独立于河流之外的淡水鱼类——赋予货币价值，这实际是错误地假定任何事物都可以分解成个体部分，个体部分也可以简单地拼凑起来。正同经济地理学家戴维·哈维的论断所言：‘这种追求货币价值的方式趋向于分解，而我们看到的环境是一个有机的、系统的或辩证的结构整体，并不是可以简单拆分的笛卡尔式机器。’”[②] 易言之，虽说某些环境要素的边际价值在一定程度上具有可替代性，尚能做出大致的成本效益估算，但作为提供生命支撑功能的自然生态的整体价值是无从切割和定量议价的。比如在社会经济的“源泉处”（source side），许多环境经济学家倾向于弱可持续性，即认为自然资本在消费品生产中并非全然不可替代，其他资源或人造资本可取而代之充当效用的提供者。但在社会经济的“吐纳处”（sink side）情况却与之相反，由于生态代谢净化系统（如废弃物的同化）方面的复杂精密性和整体脆弱性而赞同支持强可持

① ［美］约翰·贝拉米·福斯特：《生态危机与资本主义》，耿建新、宋兴无译，上海译文出版社2006年版，第30—31页。

② 同上书，第51页。

续性，因为对于某些一旦破坏就不可逆或准不可逆的自然资本而言，成本效益的分析法则近乎失效。[①] 且生态系统或许能在很长时间内应付和吸收零星的破坏，可一旦越过某个临界负荷点，系统便会因丧失自组织力而呈现出超乎意料的崩溃颓势。正是在该意义上讲，每个小规模的损毁都是在聚沙成塔，增加拆散整个地球生态的可能，当然这些显然没法在会计报表上体现出来。所以，生态价值不可能分割为碎片被放进价格体系里，更不应该基于个体偿付愿望[②]而用于成本效益分析中。还须补充说明的是，即便是作为当前西方生态经济学学科发展的重大前沿选题和热点研究领域，并受到经济学家和生态学家一致追捧和广泛青睐的生态系统服务理论，也仍在沿袭由定性分析走向定量分析的总体理路和基于个体偿付意愿的估价方法。这虽说极大地增强了生态经济学的现实解释力，但在如何精确测度评估社会和生态效益方面同其他环境经济学理论一样，都存有类似问题亟待解决。[③]

---

① 参阅［英］埃里克·诺伊迈耶《强与弱——两种对立的可持续性范式》，王寅通译，上海译文出版社2006年版，第102—151页。

② 法国批判经济学家米歇尔·于松在其撰著的《资本主义十讲》一书中曾打了个精妙的比喻，他认为将各种惩罚法规汇编成册与排列价格目录单的性质是截然不同的，因为前者的编纂过程中不会考虑到客户的“偏爱”。一项罪行之所以会受到严惩，是因为社会已经决意把它定为重罪，而不是根据犯罪者“愿意付出”多少来商定。故而，这里的目标并不是要他们为污染“付出应有的代价”，而是彻底切断环境犯罪的念想。从消费者个体喜好看待自然，而非由信仰、责任、审美等视角切入，这对大多数人来说都是一种分类错误。

③ 生态系统服务作为一个全新概念，迄今尚未形成统一的定义，主要是指地球生态系统对人类社会与经济福祉的贡献，以及人类直接或间接地从中获取的各种生态惠益。在这方面最具影响的当属戴利、科斯坦扎、卢伯钦科等学者的研究成果。其中科斯坦扎、罗伯特·奥尼尔等人更是综合了国际上已有的各种针对自然资本的估价方法，并率先就全球生态系统服务价值进行核算。他们在《自然》（*Nature*）杂志上发表的题为《全球生态系统服务与自然资本的价值估算》一文中，把全球生态系统服务分为气体调节、生物控制、废物处理和基因资源等共17类子系统，主要采纳支付意愿法去逐一估测罗列出各自内含的价格和权重，最后加总求和计算出全球生态系统的年度价值。结果表明，全球生态系统服务每年的总价值为16—54万亿美元，平均值33万亿美元相当于同期全球GNP（1997年总量约18万亿美元）的1.8倍。详阅 Robert Costanza，Ralph d. Arge，Rudolf de Groot，et al.《全球生态系统服务与自然资本的价值估算》，陶大立译，《生态学杂志》1999年第2期。

2. 经济简化主义的褊狭

不仅成本效益原则面临多重窒碍，经济简化主义手段也同样遭遇到了巨大挑战。该手段力求用货币标尺量度打造自在自然为上手之物，势必会遮蔽环境生态原有的丰富价值意涵，诸如审美、科学和道德以及其他非工具性价值皆会被选择性遗忘。故而，在将自然生态通兑成金钱的过程中，注定难逃环境系统的绝对阈限和社会伦理的激烈抵拒。

西美尔早在20世纪伊始就已指出，当世间万物皆可兑换成金钱的时候，它们最特有的价值便遭到了损害。而今，金钱已然荡平一切质的差异，成长为所有价值的唯一表现形式。波兰尼在探究市场社会演进过程时也曾发出过类似警告，即让社会的运转从属于市场，颠倒性的将生态环境和社会关系一并嵌入市场关系之中，“允许市场机制成为人的命运，人的自然环境，乃至他的购买力的数量和用途的唯一主宰，那么它就会导致社会的毁灭。”因为，“经济因素对社会存续所具有的生死攸关的重要性排除了任何其他的可能结果”[①]。E. F. 舒马赫在其不朽之作《小的是美好的》中亦对经济学家采用的本/利分析法很不以为然：“普遍都认为这是开明的进步的新事物，因为它至少是作了考虑成本与利益的尝试；不然，两者就可能完全被忽视。但这个办法实际是把高级的变为低级的，给无价之物标上价格。因此，它决不能帮助澄清情况，采取开明的决策。最后只能是自欺欺人，因为衡量无法衡量的东西是荒谬的，只不过是一种从先入的概念进而导出预定结论的手段而已；人们如果要想得到满意结果，只需给无法衡量的成本与利得加上适当的数值就行了。不过，逻辑上的荒谬还不是这种做法的最大缺陷：更严重的和对文明起破坏作用的是妄认为每件东西都有价格，也就是妄认为金钱是一切价值中价值最高的”[②]。由之带来的后果是，资本市场中抹杀了无数对于人类和环境而言都至关重要的质的特性。“经济思想以市场作为基础，达到了从生活中抽出

① ［英］卡尔·波兰尼：《大转型：我们时代的政治与经济起源》，冯钢、刘阳译，浙江人民出版社2007年版，第63、50页。

② ［英］E. F. 舒马赫：《小的是美好的》，虞鸿钧、郑关林译，商务印书馆1984年版，第26页。

神圣性的程度，因为议价的东西不存在任何神圣内容。因此，毫不奇怪，如果经济思想充斥整个社会，即使单纯的非经济价值，如美、健康、清洁等，都只能在证明是'经济的'情况下才能存在下去。"[①]对此，当代不少知名生态经济学家已经看到这种本末倒置的经济思想所可能带来的潜在危险，并自觉构建了与之俨然有别的可持续发展的生态经济理论新框架。例如，戴利在探讨资本经济同生态环境之间的关系时，首次提出了"经济是环境的子系统"这一全新命题，并视其为可持续发展观的核心理念。正如他在《超越增长——可持续发展的经济学》一书里所宣称的，可持续发展理论应当建立在这样的基点之上，即经济子系统必须置身于生态这一物理母系统内寻求发展。布朗于《生态经济：有利于地球的经济构想》中高度评价了戴利的这一深刻见地，且将此看作经济学和生态学理论的关键分界点，进而强调由破坏生态的经济转入永续发展的经济，有赖于今日的经济思想发生哥白尼式的巨大变革。但不幸的是，将经济归属于地球生态一个开放子系统的理念并未深入人心，目前为保持经济增长所做的调整已经大大超越了有限的生态规模。

不仅如此，褊狭的价值判断和近视的利益权衡使得人地关系蜕变成一整套基于市场、迎合私利的专属商品，从而把人类同先前的历史彻底割裂开来。这显然"并不代表（尽管有许多科技进步）人类需求和适应自然能力的充分发展，只不过是为了发展一种与世界单方面的、利己主义的关系而将自然从社会中异化出去的行为"[②]。且更危险的是，价格系统其实是把双刃剑，高价格所触发的反馈作用，既可约束投资商或消费者毫无节度地损耗自然资源，也会促使采掘者或供应商为谋取尽可能多的利润，不惜去涸泽而渔焚林而猎，最终给环境带来更大的危害。正因为在资本主义制度下，环境从始至终都未被视作人类必须与其他物种相互依存的生命共同体，而是被当成一个在经

① ［英］E. F. 舒马赫：《小的是美好的》，虞鸿钧、郑关林译，商务印书馆 1984 年版，第 26 页。

② ［美］约翰·贝拉米·福斯特：《生态危机与资本主义》，耿建新、宋兴无译，上海译文出版社 2006 年版，第 24 页。

济不断膨胀的过程中有待开发的无主处女地。“当一种公共财产资源发生稀缺时，如现在的许多渔场以及许多大型哺乳动物如巨鲸、老虎和犀牛的现状那样，可能产生更为激烈的竞争，去捕获那所剩无几的残余”①。所以，生态系统的正常代谢不仅像人们通常推断的那样会因为环境消耗的外化（原先被看作免费馈赠的意外收入）而遭受干扰，并且意图把自然纳入经济体中（如今被视为尚需经营的潜在资产）也同样有害。问题的根源就出在我们生活其中的基本社会经济体制上面，恰是“在私有财产和钱的统治下形成的自然观，是对自然界的真正的蔑视和实际的贬低”②。

3. 市场盈亏机制的危害

“把自然资本融入资本主义的商品生产体系——即使已经真的这样做了——其主要结果也只是使自然进一步从属于商品交换的需要。那时将不存在实际上的自然资本的净积累，而只有随华尔街的行情变化，不断将自然转化成金钱或抽象的交换。”③ 也就是说，即便成功商品化环境也依旧难保地球生灵免遭涂炭，甚至还会落入资本荼毒的窠臼。“把自然和地球描绘成资本，其目的主要是掩盖为了实现商品交换而对自然极尽掠夺的现实。”④

福斯特对此列举了五个实例，证明市场盈亏机制染指环境再生产的无效甚或危害：①土地最早从自然中分离出来成为资本，但“土地成本的上涨从未中断过建筑物的拔地而起和城市景观的水泥硬化”⑤。这同人们关于环境资源的日益减少会催促市场倍加节约并放缓开发的推断大相径庭。之所以未能出现设想中的和谐景象，原因就

① ［美］罗伯特·U. 艾尔斯：《转折点——增长范式的终结》，戴星翼等译，上海译文出版社 2001 年版，第 232 页。

② 《马克思恩格斯全集》（第 1 卷），人民出版社 1956 年版，第 448—449 页。

③ ［美］约翰·贝拉米·福斯特：《生态危机与资本主义》，耿建新、宋兴无译，上海译文出版社 2006 年版，第 28 页。

④ 同上。

⑤ 德国左翼理论家、生态马克思主义先驱鲁道夫·巴罗语。转引自［美］约翰·贝拉米·福斯特《生态危机与资本主义》，耿建新、宋兴无译，上海译文出版社 2006 年版，第 33 页。

在于土地所有权一开始就赋予了土地经营者尽情蚌蚀地表和攫取地下资源的权力，而房地产市场的相对垄断特性和巨大利润空间更足以应付不断攀升的各类成本并最后摊派给消费者群体；②农业发展过程中也面临同样问题，现代农业接连侵犯鸟类生息地，然而哄抬濒危鸣禽价格仍抑遏不了其陆续绝灭的势态。因为相较于鸟类市场的有限价值，农副产品所带来的高额收益对任何一个资本家来说都具有不可抗拒的诱惑力。所以，只要“现代农业产业的整个体系仍在扩张，频繁污染和破坏这些鸟类栖息地的行为就会继续，那么就是找到提高鸣禽价格的办法也将无济于事”[①]；③汽车工业的环境贻害并非由于石油能源被排斥在资产损益表之外，而恰恰是因为一直被包含其中。“现代化的运输手段，特别是公共交通系统，同围绕私人汽车建立的交通系统相比，能够大大降低二氧化碳的排放，而且在自由快速运送乘客方面实际上更加有效。但是，资本积累的驱动促使发达的资本主义国家走上了最大限度依赖汽车的道路，因为这是创造利润的最有效的方式。”“正是这种汽车工业联合体目前处在我们石油依赖的中心，并且占据了二氧化碳排放的最大份额。”[②] 由此可见，市场体系自身的孤立运作及其目标的极端狭隘是造成和预期效果截然相反的罪魁祸首；④资本巨鳄把世界上最大的亚马逊热带雨林视作数亿公顷的木材商品，可根据市场价值体系的核算规则，原始森林拥有的是生长着数百年却不会按照当前利率增殖的树木。故而亟须尽快收获这些非生产性资产，选用大片品种单一、树龄相仿、化肥助长的速生人工林取而代之。但与孕育无数物种的天然原生林相比，后者简直就是生物遗传

① ［美］约翰·贝拉米·福斯特：《生态危机与资本主义》，耿建新、宋兴无译，上海译文出版社2006年版，第26页。

② ［美］约翰·贝拉米·福斯特：《生态危机与资本主义》，耿建新、宋兴无译，上海译文出版社2006年版，第92、93页。说汽车的支配作用与整个生产消费体制紧密相连并不为过，它曾经并仍然支撑着发达资本主义国家的资本积累。汽车工业联合体作为综合性组装工业不单指汽车业本身，还包括橡胶、玻璃和钢铁业；包括石油天然气提供商、高速公路建筑商以及与此密切相关的房地产业。所以，汽车产业实则构成了自“福特主义”繁盛以来经济增长引擎的最大驱力和资本快速运转的主要轴心，今天再难缔造出一个能与之相媲美的高投资回报率的新市场。

学意义上的荒漠，先前丰富的生物群落和多彩的生命形态在这里皆荡然无存。这个案例说明了“把自然私有化的趋向具有巨大的破坏性，把自然交给资本就是向各种形式的私人控制、支配和开发自然敞开了大门。资本家在考虑投资时，总是计算在尽可能短的时间里收回投资并获得较高的利润回报，资本投资的这种短期行为与生态保护要求的长远考虑是完全格格不入的”[①]。就此而言，将自然要素重新定义为资本储备物，使其依从掠夺性开发和竞争性法则的市场文化中的策略，终将进一步加剧而非消解人地冲突。自然资本化不过是以翻新的概念掩盖一切照旧的事，即不管是成本外化还是自然内化，归根到底都是为了保障资本的持久增势。一个自发调节且包罗万象的世界市场正是资本普遍化趋势所梦寐以求的；⑤为应对全球气候变暖而开放的碳交易市场，不仅替发达国家巧妙逃避本该兑现的减排义务打通了方便之门，而且这种类似中世纪兜售赎罪券的行径更可能成为金融衍生品贩卖商从中投机渔利的新场所。该市场借助《京都议定书》规定的三种贸易机制——分别是联合履约机制、清洁发展机制以及排放交易机制——来“灵活运作”。不难发现，该市场的建立不仅有促成跨界碳泄漏的危险，更有催生社会新动荡之虞。难怪福斯特不由得发出了如此感慨：“按照自由市场的逻辑，有毒废料的污染与其说是需要克服的问题，倒不如说是如何处置的问题，这种相同的思维方式，显然被正统经济学家们用到了解决全球变暖这类重大问题上了。”[②] 污染巨头在此不但被允许通过替代性措施（支持绿化项目或购买排放指标）来抵偿其借故拖延强制性减排行动的过错，并且由于整个排污权交易结果难以确切测算，整个过程充满欺诈风险，从而加剧了环境非正义。污染恶果没有被直接清除，而只是借助自由贸易在不同地域间发生了悄然转嫁。这在公共性的气候问题上显然毫无意义，环球照旧同此凉热不断升温，各国政府的减排决心正随之消磨殆尽。当

---

① 康瑞华等：《批判构建启思——福斯特生态马克思主义思想研究》，中国社会科学出版社 2011 年版，第 114 页。

② ［美］约翰·贝拉米·福斯特：《生态危机与资本主义》，耿建新、宋兴无译，上海译文出版社 2006 年版，第 57 页。

前，“共同但有区别的责任”原则实施受阻，以及历届气候大会硬约束性指标的阙如便是最好佐证。还须说明的是，如此荒谬的运思理路绝非今日首创，而是资本家的惯用手段，甚至可以追溯至恩格斯当年描述的资产阶级解决住宅问题时所采取的办法：“资本主义生产方式使我们的工人每夜都被圈在里边的这些传染病发源地、极恶劣的洞穴和地窟，并不是在被消灭，而只是在……被迁移！”[①] 因此，类似小爱尔兰的污秽之地，拆毁一处又会在它处出现，并且仍然像以前一样糟糕。所以，“同一个经济必然性在一个地方产生了这些东西，在另一个地方也会再产生它们。当资本主义生产方式还存在的时候，企图单独解决住宅问题或其他任何同工人命运有关的社会问题都是愚蠢的”[②]。

当然不容否认的是，统一开放、竞争有序的市场体系，确实可以产生良好的环保激励机制。如针对长期以来，人们将自然环境视为取之不尽的免费资源和用之不竭的净化场所之错误观念，应运而生的环境经济学通过撬动价格杠杆的方式来试图阻断无偿使用和污染环境的通道，旨在促使社会经济在生态平衡的基础上实现稳定永续的发展。经济学家联合包括生态学家在内的自然科学家一同磋商阻止生态退化的市场对策，在估量生态功能失衡所造成的经济损失，建构生态经济宏观管理的数学模型，以及核算防治污染的费用效益比等方面都已展开了卓有成效的开拓性研究，并取得了较为满意的阶段性成果。但生态治理仅诉诸于此或者说视它为核心原则却实属失当之举。殊不知，资本市场是负有“原罪”的，盲目性、片面性、外部性、贪婪性和垄断性等等问题本来就是市场的源生性缺陷，上述那些相互交织的矛盾已经充分证明了该点。一种脱嵌的、完全自治的市场经济是彻头彻尾的乌托邦幻想，把自然和人类的命运交由市场裁断就等于毁灭了它们，因此唯有从市场原教旨主义的信条中抽身出来才能使自然万物幸免于难。因此，“如果我们想要拯救地球，就必须摈弃这种鼓吹个体

---

① 《马克思恩格斯选集》（第 3 卷），人民出版社 1995 年版，第 196 页。

② 同上书，第 196—197 页。

贪婪的经济学和以此构筑的社会秩序，转而构建具有更广泛价值的新的社会体制”①，守护环境最终需要超越金钱驱动的市场盈亏底线。

“无形之手”绝非“上帝之手”，它或许能对资源配置产生良好的效果，但无法限制宏观经济的规模。“市场力量是无法保证流量的生态可持续性的。市场本身并不能记录它自己日益增长的规模给生态系统带来的成本。市场价格能测量单个资源相互间的相对稀缺性。但价格通常不能反映环境中低熵资源的绝对稀缺性。……可持续性的生态标准，就像正义的伦理标准一样，是不会由市场产生的。市场只是把目标单一地投向了配置的效率。最佳的配置是一回事；而最佳的规模则是另一回事。”② 延伸资本市场的重构计划颠倒了资本与生态的隶属依存关系，因此其所打造的凌驾于生态之上的经济帝国注定会踏上围剿自然进而控制人类的奴役道路，这显然已同生态救治的初衷南辕北辙，渐行渐远了。更加危险的是，现如今点物成金的所谓“弱可持续性”经济范式③大行其道，已然严重威胁到了全球共同体的公平发展：一方面，跨国商企可以理所当然地大肆搜刮和糟蹋落后地区的生态资源；另一方面，原料价格的一路飞涨和污染治理的高昂代价意味着贫困人群生存发展权被予以无情的剥夺。所以，发达地区令人艳羡的点源性或局部性的环境改善，在很大程度上并非归功于放活自由市场所实现的资源合理调配，而是凭借资本积累的空间修复和毒害垃圾的异地输送转嫁污染。这便是资本主义生态重建的第三种方案。

（三）风险转嫁论的贻害

不可否认，当前发展中国家就整体环境评价而言确实明显劣于发达国家。对比第三世界的浓烟滚滚、垃圾成山，西方国家可谓是山清

---

① ［美］约翰·贝拉米·福斯特：《生态危机与资本主义》，耿建新、宋兴无译，上海译文出版社 2006 年版，第 52 页。

② ［美］赫尔曼·E. 戴利：《超越增长——可持续发展的经济学》，诸大建、胡圣等译，上海译文出版社 2006 年版，第 37 页。

③ 接受“弱可持续性”经济范式的经济学家，虽然和“强可持续性”理论假设一样都肯定自然资本的重要性，但前者却默认人造资本的扩增能够弥补自然资本的相应损失。即两种资本之间本质上具有等值性和替代性，可以通约成定量的流通货币。

水秀、绿树成荫。但这并非因为后者提供的技术改良法和自然资本化设想的实施奏效，而应“归功于”其祭出的“C 计划”——风险转移论——的贯彻执行。那么，这个令西方国家信心爆棚，自诩为最有效的时空修复方案，究竟为何物呢？

1. 废弃物的时空转移

大体说来，风险转移论主要经由以下三个方面发挥功用：①介质间转化，即从一种介质转变成另一种介质。如通过利用垃圾焚烧设施将固体废弃物转化为气体排向天空；借助碳回收技术从空气中抽取二氧化碳，冷却压缩后再泵入深海。②输送到别处，即从一个地方运抵另一个地方。如在城区建造高大的烟囱使废气飘向郊外，用清洁的空气去稀释和分散污染物；北部国家把有毒化学品和电子垃圾偷运至南方国家去处理，以确保本国的自然环境免遭破坏；抑或是将生态公域（天空和海洋）视作污染天堂，向共有空间倾倒废物。③转嫁给未来，即从当代人群转嫁给子孙后代。如当前人类放纵消费矿石能源，全然不顾气候变暖在不远的将来所可能引致的生态灾变；出于军需或民用目的而大力发展的核武器与核电站，却只将产生的放射性核废料深埋地下积存起来让后代去承担环境风险。统而言之，这三条路径目标一致，都是为了将经济过程的环境贻害转嫁到那些时间和空间上都距离较远的群体头上。所以，该构想不仅没有直面可持续发展的生态极限以找寻消解生态危机的正途，反倒是觅求转移策略去规避和嫁祸环境恶物，众人渴慕的“生态卫士”实则是名副其实的“环境公敌”。

这种理论其实并不新鲜，而是资本家一贯拿手的“收益内在化，成本外在化”的把戏。加勒特·哈丁曾于《生活在极限之内——生态学、经济学和人口禁忌》一书中写道，一个精明的商人定会在会计体系中作个分叉，在将企业成本导入社会的同时，却把利润引向自己。当然，这些外化的成本不仅以邻为壑要全体社会来偿付，而且还寅吃卯粮向子孙后代去举债。正如佩珀所说，“‘开采’资源——获取它们的价值而不考虑对未来生产率的影响——在资本主义经济中是一种不可抗拒的趋势，而成本外在化部分地是将其转嫁给未来：后代不得不为今天的破坏付出代价”[①]。可见，资本家狭隘的利己心与急功近利的短视行为是密不可分的，他们将自身造成的环境难题既抛掷给了其他人群又交付给了未来世代。

2. “生态帝国主义”的掳掠方式

当环境成本外化的律令被广泛运用到国家层面上时，就产生了“生态帝国主义”[②]。帝国主义对受害国的生态抢掠主要有直接和间接两种方式。所谓直接掠夺，是通过资本“剥夺性积累”[③] 的方式来实现的，具体表现如下：发达国家将“三高”企业（即高污染、高耗能、高排放的夕阳企业）淘汰迁移至发展中国家，大肆搜刮那里的水源和森林等自然资源，使其沦为肮脏的“生产车间”和“世界工厂”。同时把有毒废弃物倾泻到不发达国家，糟蹋当地的空气与土壤等生态环境。当然，这种掠夺方式绝非今时今日才出现，恩格斯早就觉察到了该现象：“西班牙的种植场主曾在古巴焚烧山坡上的森林，以为木灰作为肥料足够最能盈利的咖啡树施用一个世代之久，至于后来热带的倾盆大雨竟冲毁毫无掩护的沃土而只留下赤裸裸的岩石，这同他们又有什么相干呢？”[④] 到了19世纪中叶，因土壤养分流失导致的地力耗竭逐渐成为整个欧洲和北美地区主要关注的生态问题之一（足以同城市严重污染、森林成片消逝以及人口增长恐慌相提并论）。它所引发的对自然肥料的全球哄抢，最终掀起了长达数十年的鸟粪之

---

① ［美］戴维·佩珀：《生态社会主义：从深生态学到社会正义》，刘颖译，山东大学出版社2012年版，第107页。

② “生态帝国主义”（ecological imperialism）最早出现于英国历史学家艾尔弗雷德·W. 克罗斯比1986年出版的《生态扩张主义——欧洲900—1900年的生态扩张》（英文书名即叫“Ecological Imperialism”）一书中，此书从生物地理学视角描述了欧洲人在循着陆路和水路向外扩张的一千年间，所携带的外来物种给殖民地生态环境造成的深重灾难。不过，克罗斯比仅仅论及生物扩张问题，而没有直接探讨作为政治经济现象的帝国主义，也没有明确涉及处于核心地位的发达国家对边缘国家进行生态侵略的史实。此后，生态马克思主义对这一问题关注颇多，戴维·佩珀、约翰·贝拉米·福斯特等人都展开过系统性研究。

③ 大卫·哈维语。哈维认为，马克思所说的“原始积累”并非专属于资本主义原始阶段，而是资本主义所有发展阶段的根本特征。因此，他将“原始积累”概念重新表述为“剥夺性积累”——一个去时间性的概念，意欲突出新帝国主义时代资本积累的空间向度。

④ 《马克思恩格斯选集》（第4卷），人民出版社1995年版，第386页。

争，智利、玻利维亚和秘鲁等资源国相继卷入其中。英国从中渔利最丰，从1835年第一艘满载秘鲁鸟粪的船只运抵利物浦港，到1841年进口量跃升为1700吨，再到1847年猛增至220000吨，最终一举控制了各国的鸟粪供应。由于英国对鸟粪贸易的垄断，使得美国政府开始对任何探明富含自然肥料的岛屿进行帝国主义式吞并，仅在1856—1903短短48年间就占领了94个大小岛礁，至今仍有9个归属美国。尤斯图斯·冯·李比希后来观察发现，英美两国商船几乎搜遍了所有海洋，没有一处岩礁或者海岸能够逃脱它们对鸟粪的搜寻。[①] 布雷特·克拉克和福斯特在合作发表的《生态帝国主义与全球新陈代谢断裂：不平等交易与鸟粪/硝酸盐贸易》一文认为，鸟粪/硝酸盐贸易说明了全球向度的生态环境出现代谢裂缝，其中涉及对自然资源和人身自然的双重剥削。因为北部国家土壤得到肥料滋养，是用成千上万中国劳工的血汗和生命[②]、资源国背负沉重债务以及自然资源枯竭换来的。这种由所谓的“重商主义”国家开启的国际三角贸易构成了生态帝国主义的雏形。

时间来到20世纪中后期，公害问题在发达国家得到广泛关注，人们闻之色变，邻避运动此起彼伏，从最初“NIMBY”（“Not In My Backyard”，别在我家后院）到“NIABY”（“Not In Anybody's Backyard”，别在任何人家后院）再到“NOPE”（“Not On Planet Earth”，别在地球上）愈演愈烈。由此带来的环境标准的不断提高致使相关企业开销陡增，遂不约而同地把目标投向了环境规制滞后的欠发达地区。这些企业利用发展中国家为获取经济利益热衷于吸引外资和技术设备却忽视安全环保工作的契机，将一些在国内几乎不允许设立的高危产业逐渐搬迁至第三世界，并美其名曰“产业区位的重新布局”。1984年12月3日凌晨，美国联合碳化物公司在位于印度博帕尔市贫

① 参阅［美］约翰·贝拉米·福斯特《马克思的生态学——唯物主义与自然》，刘仁胜、肖峰译，高等教育出版社2006年版，第166—168页。

② 数十万中国劳工被输送到——往往是通过欺骗、胁迫，甚至绑架的方式——南太平洋诸国从事鸟粪开采、种植园耕作和铁路修筑工作，绝大多数客死他乡。马克思对华工劳动制度的评价是“比奴隶工人还要悲惨”。

民区开办的一家农药厂发生了氰化物泄漏，酿成了2.5万人直接死亡，55万人间接致死，另有20余万人永久残废的人间惨剧，是史上最严重的工业化学中毒事件。2009年进行的一项环境检测显示，在当年爆炸工厂周边地区依然存有大量化学残留物，危及人畜安全。当地居民的患癌率及婴儿夭折率，迄今仍远高于印度其他城市。生态马克思主义认为，该事件是发达国家将高污染企业向发展中国家淘汰转移的一个典型恶果。人们只需将博帕尔农药厂的安全装置与美国本土类似工厂的安全设施做一对比，就会对此问题一目了然。美国本土的这类工厂都配备有先进的电脑报警系统，且大都远离人口稠密区；反观博帕尔农药厂为削减开支留下了太多的安全隐患，不惜拿周边数十万居民的生命做赌注。这种让贫困人群承接生态风险的做法，显然是资本逻辑生成的"更高的不道德"① 在作祟。

此等将污染密集型产业由受控制区域往不受控制区域转移的现象，亦被称为"污染避难所假说"。该假说最好的诠释者莫过于劳伦斯·萨默斯。1991年12月，作为时任世界银行首席经济学家的萨默斯在一份备忘录中提及污染移转和市场正义问题，部分内容于次年2月在英国杂志《经济学家》刊登出来，标题为《让他们吃下污染》。他基于三条经济学理据，倡议将更多的高污染企业迁往发展中国家：其一，工资收入水平决定个体生命价值，损害落后地区人民健康的成本较低；其二，第三世界普遍处于欠污染状态，理应提高纳污效率分摊他国环保压力；其三，清洁环境是富裕社群追求的奢侈品，全球废料贸易符合资本评价体系。总之，穷国的污染还远远不够应当接纳更多，基于人道主义的反对观点可以不予理睬。② 福斯特等人认为，这

① 赖特·米尔斯语。有人将包括环境危机在内的许多问题归咎于个人的不道德行为，却忽略了"更高的不道德"。米尔斯用"更高的不道德"一词指涉社会权力机构的"结构性不道德"，特别是服膺于金钱利益的生产方式和社会制度。它的强势扩张滋生了经济犬儒主义和政治冷淡主义。历史上多次环保运动的失败便是由于浸淫在该社会制度下的人们倾向于一己私利所造成的，《京都议定书》只是其中一例。

② 详阅［美］理查德·罗宾斯《资本主义文化与全球问题》，姚伟译，中国人民大学出版社2013年版，第320—321页。［美］约翰·贝拉米·福斯特《生态危机与资本主义》，耿建新、宋兴无译，上海译文出版社2006年版，第53—55页。

决非心智失常的胡言乱语，而是资本积累逻辑的赤裸表达和生态帝国主义反人类本性的彻底彰显："作为世界银行的首席经济学家，萨默斯的作用是为世界资本的积累创造适合条件，特别是在涉及资本主义世界的核心时更应如此。无论是世界大多数人的幸福，还是地球的生态命运，甚至资本主义制度本身的命运，都不容许阻碍这一执着目的的实现"①。简言之，在资本逻辑的统摄下，金钱成了所有价值的最高体现，化身为幸存事物的基本物态。

在萨默斯的号召下，这种做法在全球范围内得到了推广和落实，直到今天仍横行无阻。2012 年 7 月启东王子造纸厂排污事件就是污染企业地区间梯度转移的典型案例。江苏省南通经济技术开发区和日本王子制纸株式会社签订协议，并批准建立王子制纸集团南通有限公司，进行超大规模的制浆造纸生产和排海管道工程建设。项目一经投产每日将排放数十万吨的废水，严重污染当地的河流、土壤、地下水，并危及附近海港生态环境和近海渔业养殖。不仅转移污染产业，该做法还鼓动向欠发达地区输出高危废料，其中不乏含有砷、呋喃、氰化钠、二噁英和多氯联苯等剧毒化工原料。例如，1987 年，源自美国费城的含有高浓度二噁英的工业废渣装船运往了几内亚和海地；据《每日邮报》网站报道，英国政府最近承认每年高达上千万吨的可回收垃圾并未再生利用，而是被直接运往中国、印尼、印度等国的填埋场；采集自美国国际贸易委员会的数据显示，2000—2011 年间，中国从美国进口的垃圾废品交易额从最初的 7.4 亿美元飙升至 115.4 亿美元，占到 2011 年中国从美国进口贸易总额的 11.1% 之多；更触目惊心的是，尽管《巴塞尔公约》早就明文禁止向发展中国家输出有毒废弃物，但是全球每年产生的 5 亿吨电子垃圾，仍有七成以上通过各种渠道进入了中国。中国东部沿海地区现在俨然成为全球电子垃圾的最大集散地。

为了尽可能多地倾轧环境资源，帝国主义甚至悍然动武，十足丧

---

① ［美］约翰·贝拉米·福斯特：《生态危机与资本主义》，耿建新、宋兴无译，上海译文出版社 2006 年版，第 55 页。

心病狂。“9·11”事件发生后美国对阿富汗和伊拉克相继发动的两场战争是借反恐除暴之名，行控制石油之实。伊拉克身处的中东地区常年占据世界石油开采量的首位；而阿富汗则是通向中亚的门户，该地区亦储藏着丰富的石油和天然气资源。反战组织的著名口号：“勿用鲜血换石油”，一语道破了这场战争的真相。吊诡的是，美国曾经鼎力支持针对苏联的伊斯兰圣战运动（本·拉登最初接受的便是美军的恐怖主义训练，基地组织也是在美国的资助扶持下才得以逐渐壮大），更在两伊战争期间庇护过萨达姆·侯赛因政权。所以，亦敌亦友全是因为石油。上述地区至今依旧骚乱不息，石油给当地人民带来的不是天赐的福祉，而是无尽的祸患。所以，“在生态社会主义看来，这种生态掠夺同16、17世纪的贩卖黑奴，18、19世纪对落后国家的商品输出和资本输出的那种掠夺，本质上是一致的。”①

另一种生态掠夺形式则是间接的，主要借助世界政经制度的结构性暴力来实现。发达国家由于自身资源和环境承载力无法维系现有经济规模和生活水准，便凭借其在世界农业、工业、消费服务业的结构性主导力量，掌控着全球市场运作标准的制定和行业未来发展的方向。后发国家被裹挟其中，由于身处世界经济产业结构的下游链条，只得牺牲“绿水青山”来换取“金山银山”，即充当原材料加工地和初级产品供应商（比如像钻井采矿、化工冶金这样的资源萃取行业以及大部分制造业），从而进一步强化了对发达国家的依附关系。因此，为了在竞争激烈的国际贸易中挣得一席之地，过度开发自然资源以竭力降低生产成本变成了这些国家迫不得已的选择。“被紧紧催逼的发展中国家在使收支相抵的努力中，过于频繁地出卖着他们的生态精华。通过随心所欲地操纵一个国家反对另一个国家，制造工业已经把他们的生产线分散到许多国家去寻找低廉劳动力、便宜的资源和宽松的法规。”② 于是，在资本与自然资源/廉价劳力的重组盛宴中，边

① 俞可平主编：《全球化时代的“社会主义”》，中央编译出版社1998年版，第232页。

② ［美］艾伦·杜宁：《多少算够——消费社会与地球的未来》，毕聿译，吉林人民出版社1997年版，第33页。

缘国家不仅招致核心国家的经济剥削，还贱卖出去了自己的生态精华。

即便是由发展中国家造成的多数环境破坏也往往导源于发达国家，因为后者的经济帮扶项目输出的还有危害环境的政策。就农业生产来看，世界银行和国际货币基金组织等全球经济机构向第三世界——尤其是贸易赤字国家——提供了大量激励性项目，指导其发展适应出口需要的化学依赖型农业，这种专门化和单一性的农业耕作模式，使得农村大量肥沃土地被卷入资本主义世界市场，同时也把生存型自足农业排挤到了贫瘠的荒野中，土地资源过度的利用导致土壤肥力下降甚至沙化，从而将自然条件推向生态极限。例如，欧美国家为了满足自身对棕榈油、豆油等生物能源的需求，通过所谓的经济合作和技术扶持等手段掩人耳目，参与开发东南亚地区和亚马逊河流域的热带雨林，油棕、大豆等单一作物的不断扩种导致当地生态样貌发生了翻天覆地的改变。这引起了联合国环境规划署的高度重视，并在《全球环境展望5——我们未来想要的环境》中开设了专栏进行研究。烧毁印尼和马来西亚种植园的热带雨林植物以获得棕榈油从而使美国人在纽约街头能开上路虎，如此做法显然是极不环保的。但西方社会对此却置若罔闻，表现出我行我素的傲慢姿态和“有组织的不负责任”[①] 的立场，甚至在享用清洁能源之时还不忘对发展中国家的环境状况指手画脚。

如今，新自由主义推动的国际经济贸易和弹性积累模式允许生产场所从消费地点完全移除，实现二者的空间分离。这种分离意味着发达国家的居民消费可以在其他地区——特别是较不富裕国家——产生显著的环境影响。研究人员在追踪挪威家庭消费的环境影响时发现，

① 乌尔里希·贝克语。贝克在发表《风险社会》后不久又写作了《解毒剂》，副标题即叫“有组织的不负责任”（organised irresponsibility）。他在书中指认，由公司经理、政府幕僚和技术专家结成的联盟制造了当代社会的各种危机（如全球变暖、金融风暴），然后又通过建立一套冠冕堂皇的说辞去推卸责任，掩盖其产生的深层缘由，而只愿将这些实际灾难表述为某种潜在风险，这便是“有组织的不负责任”。它实际上反映了现代治理形态在风险社会中面临的困境。以环境问题为例，全球治理不仅无法锁定数个世纪来环境破坏的责任主体，却反倒利用法律和媒体作为辩护利器去组织开展各项避免担责的活动。

国内家庭消费间接排放的二氧化碳、二氧化硫以及氮氧化物，分别有61%、87%和34%是由外国代为消受的。中国便是一个用来理解此种贸易的教科书式范例：自改革开放以来，中国迅速转变为加工型经济和制造业大国，这导致其从初级资源净出口国变为净进口国。生产的商品绝大部分用于出口，其污染却由本国环境吸纳。例如2001—2007年间，中国二氧化碳排放量的8%～12%归因于向美国的出口贸易。就全球范围而言，1990—2008年二氧化碳排放量从发达国家到发展中国家的净转移增加了320%之巨。因此，中国、巴西等新兴国家虽然在近年来取得了举世瞩目的经济成就，但全球化推动的自然资源的间接性掠夺却使得这些国家涌现出了大量的污染中心。这显然干扰了环境库兹涅茨曲线的预期效应，即证实财富增加与环境改善二者之间的关联正变得愈发困难。近年来，国内外许多学者择取不同地域和污染物作为考察对象，通过多项计量模型检验得出了与EKC假说不同的结论①。他们指出，环境污染伴随经济增长（人均GDP提升）而下降之后可能会再度经历反转，即进入第二次拐点并呈现为N形，这在人均二氧化碳排放与人均可支配收入的关系方面尤为明显。

能源消耗问题同温室气体排放一样似乎也遵循这个错位特征。法规宽松的低收入国家会发现，贸易开放度的提升导致这些国家在非清洁生产上的比较优势得到深化，其能耗也将上升；与此同时，高收入国家的能耗则因贸易自由化而渐趋走低②。总之，世界经济体系的核心—外围结构已将自然资源与本土特征彻底撕裂开来，资本逻辑的权力关系在全球广大地区投射下长长的生态阴影，并通由分割宰制地缘政治，打造出“贫与富的生态环境”。正因如此，戴维·佩珀写道，“既然环境质量与物质贫困或富裕相关，西方资本主义就逐渐地通过掠夺第三世界的财富而维持和‘改善了’它自身并成为世界的羡慕目标。因而，它新发现的‘绿色’将能通过使不太具有特权地区成

① 参阅虞义华、郑新业、张莉《经济发展水平、产业结构与碳排放强度——中国省级面板数据分析》，《经济理论与经济管理》2011年第3期。

② 详阅联合国环境规划署《全球环境展望5——我们想要的环境》，2012年版，第19—20页。

为毁坏树木与土壤的有毒废物倾倒而实现。"[①] 他还借用彼得·格林纳威导演的电影《厨师、窃贼、他的妻子和他的情人》里的一个隐喻形象地描绘了这种不平等的特权：装饰精美、富丽堂皇的酒店大厅，往往是通过污秽不堪、令人作呕的仓库和后厨帮衬出来的。

当然，这两种掠夺方式在现实中并非截然分开，而是同当今世界的"不平衡发展"与"联合发展"纠缠在了一起：奥康纳在发展了托洛茨基关于"不平衡和联合发展"的理论后指出，不平衡发展这一范畴是用来描述诸如原料供应地区与垄断产品的地区之间的二元性或对立性关系的；"从另外一个理论层次来看，不平衡发展也可被解读为作为整个全球资本主义体系的再生产的基础的城市与乡村（帝国主义力量/殖民地；中心地区/周边地区）之间的剥削与被剥削关系"。联合的发展这一范畴则"被解读为那些'发展了的'地区的经济、社会及政治形态，与那些'欠发展'地区（或城镇和乡村）的经济、社会及政治形态之间的一种独特的结合……是把追求利润最大化的发达国家与欠发达国家在一种新的统一体中结合了起来，这种新的统一体是由全球的银行业提供经济支持，由全球的跨国公司所组织起来的"。联合的发展是不平衡发展的结果，因为不平衡发展"意味着工业、金融以及商业资本在某些领域要比其他领域以更快的速度进行积累，结合成更大的集团或联合体，以及拥有更大的政治力量"。[②] 所以，中心地区与边缘地区的不平衡发展所催生的生态后果是相当严重的，这不仅表征在土壤肥力的流失、原始森林的滥伐、矿产资源的衰竭等方面，还体现于对那些以劳动输出型为特征的原材料供应地的影响上面；而欠发展地区和发达地区的联合发展则意味着环境恶物的出口，因为从北方国家转移到南部国家去的，不仅是资本和技术，还有一连串的环境与社会成本。总之，"不平衡发展已经导致了许多自然资源的毁坏；联合的发展在这基础上又增加了污染、有毒废弃物问

---

① ［美］戴维·佩珀：《生态社会主义：从深生态学到社会正义》，刘颖译，山东大学出版社2012年版，第111页。

② ［美］詹姆斯·奥康纳：《自然的理由——生态马克思主义研究》，唐正东、臧佩洪译，南京大学出版社2003年版，第301—302页。

题以及其他的一些问题。当资本的不平衡发展和联合的发展实现了自身联合的时候，工业化地区的超污染现象与原料供应地区的土地和资源的超破坏现象之间就会构成一种互为因果的关系。资源的耗尽和枯竭与污染之间也构成了一种相辅相成的关系。这是资本‘用外在的方式拯救自身’这一普遍化过程的一个必然结果”①。资本使发达国家战胜了贫穷，但其建立起来的高生活水准在很大程度上是源自全球范围内不可再生资源的枯竭以及对全球民众生存权利的剥夺换来的。

“资产阶级使农村屈服于城市的统治……使未开化和半开化的国家从属于文明的国家……使东方从属于西方”②，简言之，资本顽强积累的本性使得城乡对立向全球空间层面上铺陈开来，这不仅造成了经济增长的不公平，更直接导致了环境发展的非正义，从而在人类社会和自然生态之间的新陈代谢催生出难以缝合的断层：核心国家坐拥后工业文明平台，依靠经济技术优势实现产业结构转型升级，将“三高产业”淘汰到边缘地界，叫嚣着“让他们吃下污染”；与此同时恣意向公共空间输送温室气体、倾泻危毒废物、掠取生物资源；且为了能够在当下尽情享用生态资源，竟全然不顾种际代际公正，“我死后哪怕洪水滔天”的口号响彻耳际。基于此，大卫·哈维、爱德华·W. 苏贾等新马克思主义城市学者均表示，资本积聚向来是深刻的地理事件，空间非均衡发展势差恰是资本主义延存的动力，生态正义乃至整个社会正义在现时代只能暂付阙如：哈维指出，“资本积累向来就是一个深刻的地理事件。如果没有内在于地理扩张、空间重组和不平衡地理发展的多种可能性，资本主义很早以前就不能发挥其政治经济系统的功能了”③。苏贾也认为，“资本主义……内在地建基于区域的或空间的各种不均等，这是资本主义继续生存的一个必要手段。资本主义存在本身就是以地理上的不平衡发展的支撑性存在和极

① ［美］詹姆斯·奥康纳：《自然的理由——生态马克思主义研究》，唐正东、臧佩洪译，南京大学出版社2003年版，第318页。

② 《马克思恩格斯选集》（第1卷），人民出版社1995年版，第276—277页。

③ ［英］大卫·哈维：《希望的空间》，胡大平译，南京大学出版社2006年版，第23页。

其重要的工具性为先决条件的”①。于是，资本主义的时空修复方案非但没能弥合代谢裂缝，反倒成了危机扩散的推进器，这种转移策略大有饮鸩止渴的意味。世界经济格局一体化也许可以使富裕国家暂时从环境困厄中挣脱出来，但全球物质循环的整体性终究会将其也一并拉入万劫不复的死亡深渊，如今再没地缘政治和道德法律空间允许去褫夺他者的生态安全。所以，我们在典当今天，押注明天的时候，兴许已经失去了共同的未来。

二 “生态资本主义”的创造性毁灭

上述三类方案在消除生态危机时皆专注于具体环节的零敲碎打，不敢寻源治本大刀阔斧地改革现行制度，允许经济沿袭与目前相同的恶性循环轨道继续前行，并许诺捍卫我们追逐物欲的生活方式却无须付出任何实质性代价，从而给人一种错觉，仿佛只要购买了被冠以“绿色”、“环保”、“可回收”等字样的商品，就能轻松卸下对环境恶化的负罪心和焦虑感，一如既往地无度生产无度消费。实际的结果是，消费主义化了的环保或者说资本化了的环保，根本解决不了真正的生态问题，因为这样的环保并没触及资本本身，更未撼动资本主义制度，反倒是以“绿色低碳”、“有机无公害”的名义被资本逻辑收编为获利工具。对此，梅扎罗斯的一席话可谓是切中肯綮：“这种思路设想，资本制度的界限依旧是我们的社会再生产永远不能逃避的界限。因此，在这种思路看来，补救方法是有意识地接受所面临的界限，‘学会适应它们’，而不是‘同界限进行斗争’。在这种对‘人类困境’的诊断中，很容易被忘记的是，‘同界限进行斗争’是资本的本性”②。因此，除了一些装点门面的虚饰之外（如2008年金融海啸爆发后，美国和欧洲总共拿出4.1万亿美元注资救市，但在全球气候

① ［美］爱德华·W. 苏贾：《后现代地理学——重申批判社会理论中的空间》，王文斌译，商务印书馆2004年版，第162页。

② ［英］I·梅扎罗斯：《超越资本——关于一种过渡理论》（上），郑一明等译，中国人民大学出版社2003年版，第228页。

改变研究项目上却只花费了区区 130 亿美元，较前者少了 315 倍），资本主义的生态修补方案注定会失败。这种失败的显著例证是：旨在全面控制二氧化碳等温室气体排放的《联合国气候变化框架公约》尽管早于 1992 年就达成通过，至 2015 年巴黎气候大会也已召开了共二十一次缔约方会议，但大气中的温室气体浓度依旧在持续攀升，这很可能导致全球气温越过世界公认的极限，即超出工业化以前水平 2℃。多项独立的分析数据都显示 2000—2009 年是历史上最热的十年，且高温纪录仍不时被打破。现有的低碳技术以及经济政策也许会降低气候变化导致的风险，但当前的减排承诺和实现预期目标之间尚有高达数十亿吨二氧化碳当量的缺口。所以说，资本主义开出的绿化处方，至多只是些止痛药或麻醉剂，根本无力祛除病根。我们乘坐的“贪婪号”高速列车正冲向生态崩溃的悬崖，“人类文明和地球生命的进程是否具有可持续性，不是取决于这些可怕发展趋势的放缓，而是取决于能否使这种趋势发生逆转。”① 故此，“想在‘不伤害’资本主义的前提下来实施生态保护只能是缘木求鱼，指望由这些资本主义国家的统治者来带领人类消除生态危机，好比是与虎谋皮。”②

更重要的是，这些改良措施非但没有设法去洞悉资本主义制度的结构性缺陷，反倒把它视作解决问题的希望所在，仍心存侥幸地认为该制度能够克服资本积累带给环境的深重灾难。为此，福斯特提出了针对性批评：（1）一种制度如果谋求无休止的财富攫取，无论它宣扬如何能够理性地利用自然资源，从长远角度来看都将是不可持续的；（2）一种制度如果将人类居所和环境基础分离开来，那么它必然是与生态稳定和土地伦理格格不入的；（3）一种制度如果切割地球划分等级，制造出“贫与富的生态环境”，则它同样是不可接受的。③ 弗雷

① ［美］约翰·贝拉米·福斯特：《生态危机与资本主义》，耿建新、宋兴无译，上海译文出版社 2006 年版，第 61 页。

② 陈学明：《布什政府强烈阻挠〈京都议定书〉的实施说明了什么——评福斯特对生态危机根源的揭示》，《马克思主义研究》2010 年第 2 期。

③ ［美］约翰·贝拉米·福斯特：《生态危机与资本主义》，耿建新、宋兴无译，上海译文出版社 2006 年版，第 83 页。

德·麦格多夫则表达得更加直接，“资本主义与真正的生态文明是完全不相容的。因为资本主义是一个必须不断自我扩张的系统，鼓励人们超出自身需求地过度消费，并且不考虑不可再生资源的限制（瓶颈）和地球对废弃物的吸收能力（底线）。作为个人主义的私有制，它必然助长着贪婪、个人主义、竞争、自私和一种‘我死后哪怕洪水滔天’的哲学。”① 据此，我们有充足理由指认，真正给自然环境带来灾难性冲击的正是资本的普遍化趋势，“任何臣服于资本积累需要的文明都蕴藏着自我毁灭的种子”②。资本主义制度把以资本的形式积累财富视为社会的最高目标，必然内在地倾向于破坏生态环境。故而，“‘说服’资本主义限制增长，和‘说服’一个人停止呼吸一样困难。资本主义制度是一种无休止地增长的制度，由于这种本质，使资本主义‘变绿’、使其‘生态化’的尝试注定会失败”③。“绿色资本主义”或者说“生态资本主义”只能是个自相抵牾、漏洞百出的骗局。

三　资本永恒论的历史终结

我们如果参照康芒纳提出的那四条广为人知的生态学法则，便能更全面更深刻地认识到资本主义社会的反生态本性：①万物皆有关联，然而统治精英们却用极其狭隘的技术标尺肆意度量和剪裁地球生命之网；②万物皆有去处，但资本经济奉行的直线型增长模式将使生态系统发生源与汇的循环断裂；③自然知晓最多，被篡改为市场懂得最好，资本市场的盈亏机制无视一切自然及社会规律；④凡事皆有代价，可是资本制度却在贪食“免费午餐”，不断外化环境成本累积生态债务。所以，无论是从技术、经济的角度，还是从市场、地理的视

① ［美］弗雷德·麦格多夫：《生态文明》，霍羽升译，复旦大学当代国外马克思主义研究中心编：《当代马克思主义评论》（9），人民出版社 2011 年版，第 25 页。

② ［德］J. 哈贝马斯：《东欧剧变与〈共产党宣言〉》，李晖编译，《马克思主义与现实》1997 年第 3 期。

③ 默里·布克金语。转引自［美］约翰·贝拉米·福斯特、布莱特·克拉克《星球危机》，张永红译，《国外理论动态》2013 年第 5 期。

域来看，资本主义自我调节的可能性都微乎其微，它的活力行将枯竭，正变得越发难以满足人类的社会需求和生态需求，尤其是无法应对来自气候变化领域的严峻挑战（在温室气体减排问题上，大打折扣、相互推诿甚至直截了当地拒绝签署京都议定书）。据此，于松用一个自相矛盾的措辞——“胡乱调整”——来形容资本主义纾解危机时的虚妄与乏力。

那么，自然极限的障碍是否能使资本普遍化趋势停滞下来？或者说，资本逻辑会不会接受某些抑制它盲目扩张的措施以保护生态环境？我们可以从马克思的相关论述中找到答案：“生产的不断变革，一切社会状况不停的动荡，永远的不安宁和变动，这就是资产阶级时代不同于过去一切时代的地方。”① “资本破坏这一切并使之不断革命化，摧毁一切阻碍发展生产力、扩大需要、使生产多样化、利用和交换自然力量和精神力量的限制。”② 即是说，资本宰制的社会是集变革与骚动、文明与野蛮、进步与衰退、建设与毁灭于一身的矛盾体。“抑制”一词对资本而言等同于危机概念，因为只有危机的出现才能够暂缓它增殖的脚步，静止的或者说稳态的资本主义是完全不可想象的。但马克思告诫人们：“决不能因为资本把每一个这样的界限都当作限制，因而在观念上超越它，所以就得出结论说，资本已在实际上克服了它”，“这些矛盾不断地被克服，但又不断地产生出来”③。在资本不可遏阻地追求扩大再产生进程中，就已经内在地包含了否定自身的一切元素以及无法逾越的根本界限，“这些界限在资本发展到一定阶段时，会使人们认识到资本本身就是这种趋势的最大限制，因而驱使人们利用资本本身来消灭资本”④。故此，“创造性破坏的历史被写入了资本积累真实的地理学景观之中”⑤。创造、破坏、再创造、再破坏的恶性

---

① 《马克思恩格斯选集》（第1卷），人民出版社1995年版，第275页。

② 《马克思恩格斯全集》（第46卷上），人民出版社1979年版，第393页。

③ 同上。

④ 同上书，第393—394页。

⑤ ［英］大卫·哈维：《新帝国主义》，初立忠、沈晓雷译，社会科学文献出版社2009年版，第83页。

循环致使各类危机（尤其是生态危机）愈演愈烈，“扩张或毁灭”成了资本社会颠扑不破的铁律，更成为其无法逃遁的宿命。今天的资本逻辑正由破坏性冲动走向毁灭性失控，其所宣扬的普世价值的“元叙事”也必将遭遇历史的终结。这显然不是资产阶级暴发户们指认的世界历史的终结，而只是以物的依赖性为基础的资本主义社会形态的完结，“人类社会的史前时期就以这种社会形态而告终”①。

皮之不存，毛将焉附？现如今，人类周旋的余地愈益收紧，资本逻辑的瓦解不可抗拒，零敲碎打式的边际修正和倒逼机制下的权宜对策根本无力扭转总体失衡的生态危局。诚如马克思所言：“批判的武器当然不能代替武器的批判”②，既然“资本主义生产的真正限制是资本自身”③，那么只有进行根本性的范式转换，即颠覆资本霸权才能获取解放自然的物质力量，实现“人类同自然的和解以及人类本身的和解”④ 的历史性任务！事实的确如此，如果我们想要及早拯救地球，就必须摒除这种鼓吹个体贪婪的经济学和以此建构的社会秩序，警惕技术拜物教迷思、资本逆生态逻辑以及环境空间非正义等所带来的负面后果，从而跳出资本主义国家“边污染边治理”、“先破坏再修复”的窠臼。“现存制度调适方法的一再失败——它们始终难以摆脱盘根错节的既存利益，已经将设想新的生态转型形式提上议事日程。正如詹姆斯·奥康纳（James O’Connor）所指出的，生态关系的社会主义化，已不再只是一种理论想象，而是正在现实中发生。”⑤

---

① 《马克思恩格斯选集》（第2卷），人民出版社1995年版，第33页。

② 《马克思恩格斯选集》（第1卷），人民出版社1995年版，第9页。

③ 《马克思恩格斯选集》（第2卷），人民出版社1995年版，第463页。

④ 《马克思恩格斯全集》（第1卷），人民出版社1956年版，第603页。

⑤ ［美］詹姆斯·古德曼：《从全球正义到气候正义：一种新的全球相互依赖?》，郇庆治译，郇庆治主编：《当代西方绿色左翼政治理论》，北京大学出版社2011年版，第321页。

第四章

消解生态危机的可能路径

资本逻辑不可阻遏地时空拓殖和资本主义饮鸩止渴式的剥夺性积累，导致任何不触及制度变革的环境治标举措都将归于徒劳。勿说站在生态良序与阶层平等的角度评判，即便是从组织生产方式和增进公共财富的视域考察，自由放任的资本社会也远非帕累托最优，光鲜外表遮掩不住其渐趋衰颓的病躯。因此唯有破除永恒资本的符咒及经济理性的拘囿，寻求资本主义生产之外的替代性逻辑，才是有效化解人地冲突并成功突围生存困境的正途。而这条根除危机的可能路径就是先前未曾触及的——超越资本逻辑且内蕴人本向度的——社会主义生态文明。

一　建设以人为本的生态文明：超越资本的绿色发展

当前，包括气候变暖在内等一系列重大环境灾变皆源自资本逻辑统摄的全球经济关系和权力架构，可谓是资本主义制度的内生性现象。故此，出于唯物史观内在逻辑和人类理性自觉使然，合宜的解决办法便是寻找一条经济稳健增长、社会公正和谐、生态优美宜居协同进化的文明新范式，而遵奉以人为本的生态社会主义正是承接这一批判性建构要求的必然产物。生态社会主义作为野蛮与文明之间的抉择，不仅是生态文明的必由之路，亦是科学社会主义的当下表征。

（一）思想渊源："人的自我异化的积极的扬弃"

这种消弭人地危机的理路决非凭空臆想，而是可以追溯至马克思主义创始人的深邃思想渊源。马克思早就强调，资本的伟大作用是历史性的，它在不断释放物质创造潜能，突破民族地域的同时；也在逐渐传播着生产过剩的瘟疫，催生出自然环境的灾变。后者构成了资本自身无法逾越的极限："资本主义生产总是竭力克服它所固有的这些限制，但是它用来克服这些限制的手段，只是使这些限制以更大的规模重新出现在它面前"①。马克思由此得出结论道，当资本演绎为垄断一切人类公共财富（包括生态财富）的逻各斯之时，"与这种垄断一起并在这种垄断之下繁盛起来的生产方式的桎梏。生产资料的集中和劳动的社会化，达到了同它们的资本主义外壳不能相容的地步。这个外壳就要炸毁了。资本主义私有制的丧钟就要响了。剥夺者就要被剥夺了"②。而"代替那存在着阶级和阶级对立的资产阶级旧社会的，将是这样一个联合体，在那里，每个人的自由发展是一切人的自由发展的条件"③。这个自由人联合体的社会就是社会主义社会的未来形式——共产主义，它是"人的自我异化的积极的扬弃，因而是通过人并且为了人而对人的本质的真正占有；因此，它是向自身、向社会的即合乎人性的人的复归，这种复归是完全的，自觉的和在以往发展的全部财富的范围内生成的。这种共产主义，作为完成了的自然主义＝人道主义，而作为完成了的人道主义＝自然主义；它是人和自然界之间、人和人之间的矛盾的真正解决，是存在和本质、对象化和自我确证、自由和必然、个体和类之间的斗争的真正解决"④。我们从中不难看出，批判资本逻辑及其社会形构并非马克思的运思终点，如何改变危状才是其理论旨归。在他眼中，资本主义制度引发的各种问题（包括人类社会与自然生态之间的物质变换断裂）都是人的自我

---

① 《马克思恩格斯选集》（第2卷），人民出版社1995年版，第463页。

② 同上书，第269页。

③ 《马克思恩格斯选集》（第1卷），人民出版社1995年版，第294页。

④ 《1844年经济学哲学手稿》，人民出版社2000年版，第81页。

异化所致。因此，消弭生态危机、实现人地和谐的可能路向，应该是持守以人为本、奉行生态文明的社会主义社会。

（二）提出理据：生态危机是人的生存发展危机

以人为本的消解理路，遭遇的最大挑战莫过于生态伦理学家倡导的“非人类中心主义”。他们认为“自然所懂得的是最好的”①，经济增长和生态保存系非此即彼的零和博弈，人类唯有解构现代文明，完全服膺自然，奉生态原则为最高准绳，才能将积欠的生态赤字扭亏为盈。可殊不知，“被抽象地理解的，自为的，被确定为与人分割开来的自然界，对人来说也是无”②。“天行有常不偏不倚”，我们之所以将某些自然现象称为灾难，将某些环境改变叫作恶化，只是因为它们危及我们的生命健康。拿“危机”一词来说，它出于人的主观价值判断，而非自然界的事实性存在。自然“自然而然”无所谓危机，即便像6500万年前地球环境骤变引致恐龙灭绝，“外部自然界的优先地位仍然会保持着”，鸟类等新生物种照旧登上历史舞台繁衍不息。所以说，危机是针对特定主体而言，在某一主体看来是风险的，对其他主体反倒是利好。比如，将一个人按进水里，他的危机感会伴随体内氧气的快速消耗而陡然升高；可若把鱼从水中捞出，随着在空气中暴露时长的增加它却会愈发躁动不安。又如，一处河流被生活废水污染，鱼虾大量死亡的同时却是绿藻和细菌的疯狂繁殖，就前者而言无疑是招致了灭顶的危险，对后者来讲则是不期而遇的良机。因此，生态危机的愈演愈烈，只是从我们人类自身出发做出的一种价值判定，而判定的标准则是基于维系人类生产生活须有的环境要素变得越发稀缺，生存现状面临严峻挑战。总而言之，生态危机，包括经济危机、粮食危机和社会危机在内的其他所有危机，实则都可归结为生存危机，归结为人的生存发展危机！自然生态的支离，表征的恰是人类自身生存样态的破碎。与此同时，“危机”除了预警危险、标示风

---

① 参阅［美］巴里·康芒纳《封闭的循环——自然、人和技术》，侯文蕙译，吉林人民出版社1997年版，第32页。

② 《1844年经济学哲学手稿》，人民出版社2000年版，第116页。

险之外，还意味着人类命运中的某个拐点或者说机遇。我们若能培树出合宜的生态理念和文明范式，或许就可以很好地化危为机，实现人与自然双重解放的美好夙愿。

分析哲学标志性人物蒯因曾经提出这样一个著名论断，即任何哲学皆存在“本体论的承诺”，在其理论中都或显或隐地涉及以何物为本原这一基础性问题。因此，毫不讳言，解决人类生存危机的办法就是超越资本逻辑迈向以人为本。当然，这里的“本”，不是宇宙论意义上的本，不是将人指认为世界的始基和中心，也不是主张在人与自然的关系地位问题上操持主奴辩证法，而只是在求解生态危机过程中始终以现实的从事生产实践的人作为出发点和落脚点，将人作为全部活动和思考的中心。这种提法不仅是基于理论信念上“应然如此”的期许，也是秉承词源学“本然如此”的考察。据甲骨文字形，本为树的根与末相对。《说文·木部》云：“本，木下曰本。从木，一在其下，草木之根柢也。”又如《玉篇》曰：“本者，始也”。即“本”的本意是指草木的根，有起始和归宿之义，其后概念发生转义和引申，才作为“中心的、主要的”意思出现。故而，以人为本的“本”字具有三重内涵，1. 一切举措都始于人，推己及物；2. 实践过程中以人的尺度为取舍标准；3. 一切行为效果都指向人，成物成己。

与此同时，以人为本的“人”更值得去深入分析，为此本章接下来将围绕三个方面着重展开：首先，为什么以**人**为本？这不仅是针对独断的“以资为本”，更是相较于激进的“以生态为本”而言。立足人的立场去调控人与自然之间的物质变换关系是止息两种主义纷争的解决之道。其次，以**什么人**为本？这不仅指涉全体人类，更关注广大弱势群体。秉持最少受惠者优先的原则，实现环境正义与社会正义的联姻，以及代内正义同代际正义的结合才是公正和谐的真实意蕴。再次，以**人的什么**为本？这不仅要以满足人的真实需求为本，更须从生产劳动维度诠释生态财富的永续创造，进而完成人的双重提升，迈向物我交融的崇高境界。

二　以人为本：觅寻“主义之争”的重叠共识

在建设生态文明的过程中，以人本向度作为理论基础和价值原点，需要迎接诸多方面的挑战。其中，最无法回避的便是“人类中心主义”与“非人类中心主义”（以“生态中心论”者为主要代表）的伦理纷争。人类中心主义价值观主张人是大自然中唯一的道德主体，其他生命皆为人而存在，不应获得道德关怀。虽然经过诺顿、墨迪和哈格罗夫等弱人类中心主义者的修正和发展——如以整体主义世界观和价值观来看待人地关系，谴责为满足个人私欲而肆虐自然的恶劣行径；同时将自然的价值内涵做了拓展，指出自然除了具有物质经济功用以外，还包括审美、科学和文化价值。但罗尔斯顿、奈斯等非人类中心主义者却颇不以为然，指出这仍是出于人的利益考量，也只是承认自然拥有丰富的工具性价值而非自生的内在价值。在经济建设过程中一旦与环境保护发生冲突，那结果必然是舍弃后者。因此，泰勒、奈斯等人强调必须把道德权利推延到人类之外的整个大自然，通过向人类课以对他物的直接义务来实现敬畏生命、保护生态完整性的目的。由此可见，双方保护环境的根据截然对立，人类中心论者基于维护人的生命健康和功利诉求；生态中心论者则直接从自然物的天赋权益出发向人类提出伦理抗议。是否承认自然拥有伦理顾客乃至道德主体的地位就成了两种理论的分水岭，他们在该问题上各执一端寸步不让，结果双双坠入进退维谷的尴尬境地。

（一）当代“人类中心主义”实则是“资本中心主义”

那么，如何寻觅两种主义的重叠共识，止遏无谓的伦理纷争呢？为此，我们首先要厘清“以人为本”和“人类中心主义”的关系。当今的弱人类中心主义之所以仍不时滑入传统的绝对人类中心主义的窠臼，症结就在于它表征的是物的依赖性社会（尤其是资本主义社会）中的人地关系。马克思早就指出，“只有资本才创造出资产阶级社会，并创造出社会成员对自然界和社会联系本身的普遍占有"①。在这样的社会政经制度下，人类完全受制于资本逻辑，不仅广大劳动者被视为实现资本增殖的工具，资本家也只是作为"人格化的资本"存在着，而自然界更不过是人的役使对象和纯粹有用物。莱斯、福斯特等人据此指认，控制自然只是维护特殊统治集团的手段，导致生态危机的人类共同体从未在现实中真正出场。"人类中心"这一普适概念源于资本主义意识形态的虚构，目的是回避和混淆人类在享用利益、蒙受损失与承担责任方面的主体差异。所以，生态主义者口诛笔伐的所谓人类中心主义只是个"假想敌"而已。质言之，人类中心主义不过是资本生产方式在观念世界的抽象产物，恰是资本原则统摄的现代社会拒绝承认人类必须依附于自然，以及经济应当隶属于生态的基本生活常识，人类中心论在实践领域的推进过程是由资本完成的。并且在很大程度上说，生态问题的出现正是资本生产方式未能将全体人类的共同利益纳入考量范围的结果，全球变暖、大气污染等显然不是人们所吁求的。因此，环境学家（无论是浅绿派还是深绿派）苦口婆心的道德劝诫在资本的强势话语面前必然失声，当务之急不是抛弃人类中心主义，而要超越资本中心主义；不是取缔人的主体性，而应解构资本的主体性。"人类中心主义"实则是"资本中心主义"！这正是"以人为本"所拒斥的。

（二）"以人为本"拒斥"以资为本"的人类中心主义

"以人为本"力求超越资本逻辑，因而同奉行"以资为本"的人类中心主义"貌合神离"，相去甚远。后者给生态环境带来的沉痛灾难及其改良方案的逐个失败已在上文详述，故不再赘言。这里须特别说明的是，一些生态马克思主义者对"人类中心主义"概念做了宽泛的界定，除了狭隘意义上的——与非人类中心主义相对——"人类中心主义"之外，还将"以人为本"包括在内。如岩佐茂就主张，"对于人类中心主义的观点应该辩证地分析。人类中心主义的用语大致在两种意义上使用：一是指仅把自然当作人的手段来利用的态度，常作

① 《马克思恩格斯全集》（第46卷上），人民出版社1979年版，第393页。

为批判别人的用语；二是指人从人的立场出发对自然的实践态度，常在肯定的意义上使用”。他认为，“需要批判的是那种无视人与自然的多样关系，只把自然当作资源当作手段的态度”①，即通常意义上的人类中心主义。“‘人的立场’并不否定为了人类的生存而把其他生物以及自然手段化这一事实，但他并不以这种关系面对其他生物和自然，而是把自然的手段化视为人与自然之间的多方面的、多样化关系中的一种，并尊重自然的生态系统以及其他生命。”② 正是基于这第二种涵义，格仑德曼和佩珀等人在生态中心主义大行其道的 20 世纪 90 年代喊出了重返人类中心主义的口号。他们一致认为，激进的深生态学理论在环保运动中提出的诉求有矫枉过正之嫌。人类在反思检讨自身和环境的关系问题时绝不应放弃坚守人类尺度，需要反对的是资本对劳动和生态的剥削，人们只有在合理的劳动实践中才可能真正解决生态危机。当然，无论是从否定意义上看（实则是“资本中心主义”），还是就肯定意义来讲（应表述为“以人为本”），人类中心主义这一术语都指代不明，为避免造成理论错乱最好不要使用。

（三）坚守人的立场：应对“生态中心论”者的挑战

同人们怀疑“以人为本”和“人类中心主义”二者的本质差别相比，生态中心主义提出的“以生态为本”的环保理念对确立“以人为本”造成了更大的冲击，亟须严肃回应。以生态中心论为主干成员的绿色团体仇视当前不合理的经济制度，看到了现有环境价值观的弊端，然而所倡议的弃绝资本逻辑、推崇荒野自然的激进方案却又把环保运动引入了空想误区。他们普遍持守“经进环退”的看法，即笃定经济增长和环境保存系非此即彼的零和博弈，惟有停滞发展才能将生态赤字扭亏为盈。这种实属因噎废食的偏激之举，定然遭到谨慎的建构主义者的强烈质疑：践履生态伦理须面临环境物的主体意志怎么把握、

① 岩佐茂：《环境的思想——环境保护与马克思主义的结合处》（修订版），韩立新、张桂权、刘荣华等译，中央编译出版社 2007 年版，第 227 页。

② 岩佐茂：《环境的思想与伦理》，冯雷、李欣荣、尤维芬译，中央编译出版社 2011 年版，第 153 页。

伦理标准从何而来、执行者谁可担当等诸多难题，不能给出科学阐释便无力驳倒作为价值论命题的“人类中心”，反倒会因陷入逻辑上的自我缠绕而导致理论上的混乱错位和实践中的无所适从。且申认大自然的道德权利，是一种社会契约论的思维范式，需要权利和义务的对等交换，然而自然物显然不具备和人类以及其他生命体进行商谈对话的可能性。例如，病毒和人类既未承认彼此的责任又无共同的利害，除了你死我亡绝不会出现双赢的结果；食肉动物的天性使得鬣狗根本不可能基于羚羊的生存权而放弃捕猎，就像羚羊不会因为顾及花草的生长权而拒绝进食一样。故此，当我们“善意地”把原本专属于人伦道德的范畴推演到人地交互关系时，也就将后者不自觉地融入前者的规定性中，这显然仍没跳出“关于人的科学”的领域①。

在生态中心论那里，自然被理解为“一种未被污染的、未被人类之手接触过的、远离都市的东西。”② 而这个东西便是他们推崇备至的身处人学空场的“荒野”。在他们看来，仿佛只有人类的阙如才能换来万物的狂欢，远离都市、人迹罕至且未被驯化的荒野才是和谐完满的自然。他们缅怀史前时期那种混沌的天人合一，将原始人顺服自然的无奈之举曲解为生态智慧的最高体现。殊不知，“自然界起初是作为一种完全异己的、有无限威力的和不可制服的力量与人们对立的，人们同自然界的关系完全像动物同自然界的关系一样，人们就像牲畜一样慑服于自然界，因而，这是对自然界的一种纯粹动物式的意识（自然宗教）”③。现代人极力称颂的所谓人地和谐，不过“表现为人类的地方性发展和对自然的崇拜”④，这反映出的恰恰是还未曾

---

① 参阅李德顺《从“人类中心”到“环境价值”——兼谈一种价值思维的角度和方法》，《哲学研究》1998 年第 2 期。

② ［美］詹姆斯·奥康纳：《自然的理由——生态马克思主义研究》，唐正东、臧佩洪译，南京大学出版社 2003 年版，第 35 页。

③ 《马克思恩格斯选集》（第 1 卷），人民出版社 1995 年版，第 81—82 页。马克思在该页还特地加了标注，意在强调这种自然宗教是与特定社会形式相互决定的。所谓的人和自然的直接同一不过是表现在：人们对自然界的狭隘关系决定着他们之间的狭隘关系，而他们之间的狭隘关系又反过来决定着他们对自然界的狭隘关系。

④ 《马克思恩格斯全集》（第 46 卷上），人民出版社 1979 年版，第 393 页。

深入展开的人地矛盾。其实，眷念荒野原始丰富性的生态中心主义不过是19世纪“真正的社会主义”的现代翻版和理论延续。马克思和恩格斯当时就对这种带有伤感情愫的泛灵论作出了回应，他们抨击“真正的社会主义者”总是置身于一种虚构的原始状态，选择性忽视了自然界中残酷的生存斗争，以及人类区别于动物的社会特征，意图用浪漫主义或乞灵于神秘主义杜绝自然异化的做法只能是一种历史的倒退。帕斯莫尔、布克金等人也充分意识到了这种与现代文明背道而驰的理论所暗含的危险因子。他们强调，在当前的激进生态学研究中，对资本经济体制导致的环境难题的抗辩，正迅速让位于对神秘的更新世和新石器时代的崇古性赞美与泛灵论泛滥，这势必会诋毁人类理性的创造性及其在自然进化中的重要地位。

马克思反对脱离人的感性活动去直观考察现实的自然界，更抵制从纯粹生物学视角将人类描述为受苦的存在物而未去关照人的主体能动性。在他看来，与人无涉的自在自然如今只应存在于抽象的理念王国，消极服膺自然难以使已现的生态问题得到缓解改善。《关于费尔巴哈的提纲》和《德意志意识形态》中对费尔巴哈的人本学唯物主义未能从主体出发认识现实自然，即没有从实践角度考察感性世界所进行的批判就说明了这个问题：“从前的一切唯物主义（包括费尔巴哈的唯物主义）的主要缺点是：对对象、现实、感性，只是从客体的或者直观的形式去理解，而不是把它们当作感性的人的活动，当作实践去理解，不是从主体方面去理解”；“他没有看到，他周围的感性世界决不是某种开天辟地以来就直接存在的、始终如一的东西，而是工业和社会状况的产物，是历史的产物，是世世代代活动的结果”；“先于人类历史而存在的那个自然界，不是费尔巴哈生活其中的自然界；这是除去在澳洲新出现的一些珊瑚岛以外今天在任何地方都不再存在的、因而对于费尔巴哈来说也是不存在的自然界”①。

实际上，自然本身也会发生各种在我们看来属于资源浪费和生态破坏的现象。恩格斯在《自然辩证法》中就提及了“动物的这种

---

①《马克思恩格斯选集》（第1卷），人民出版社1995年版，第54、76、77页。

'过度掠夺'"："一切动物对待食物都是非常浪费的，并且常常毁掉还处在胚胎状态中的新生的食物。狼不像猎人那样爱护第二年就要替它生小鹿的牝鹿；希腊的山羊不等幼嫩的灌木长大就把它们吃光，它们把这个国家所有的山岭都啃得光秃秃的"①。也就是说，动物通过它们的活动同样也会破坏自然界，只是在程度上不如人的作为。而地震海啸、洪涝干旱等原生性自然灾害更会使生态遭受重创。相反，通过适度人工干预倒可能协助管理好地球环境，如调动消防设备扑灭原始森林大火以拯救大量珍稀动植物；医学家治疗集体患病的非洲狮以保全草原食物链的完整。

总之，生态中心论者将人类活动（甚至是求生存的生产劳作）视为一种冒犯自然的"非自然行为"，充分暴露出该理论表面秉持整体主义的还原论，实则同人类中心主义一样仍是将人看做外在于自然的、与自然对立的二元论观念。布克金就指出，深生态学所谓的敬畏自然实际上是将自然神化成"超自然"，为的是使自然彻底远离人性。佩珀也敏锐地把捉到了这点："深生态学的异化观确实是建立在人类—自然关系的一个二元主义概念之上：一个它被假定是拒绝了的概念。"② 他们都认为生态中心论者所表达的不过是一种抵拒工具理性的浪漫主义情怀和厌世主义论调，为保护自然不惜将人类贬抑为动物，捆缚于自然必然性之下。这显然不是解决生态危机的合理方案，人理当是生态文明的实践主体，而实践对象也应该是"真正的、人本学的自然界"。"环境的改变和人的活动或自我改变的一致，只能被看作是并合理地理解为革命的实践。"③

（四）由对立性范式到交互式样态：目的行为和物质变换的统一

人类中心主义和生态中心主义形异质同，即它们都属于将人类历史与自然世界对立看待的二分法思维方式，只是各自偏执一端。对他

---

① 《马克思恩格斯选集》（第4卷），人民出版社1995年版，第378—379页。

② ［美］戴维·佩珀：《生态社会主义：从深生态学到社会正义》，刘颖译，山东大学出版社2012年版，第131页。

③ 《马克思恩格斯选集》（第1卷），人民出版社1995年版，第55页。

们而言，“‘自然和历史的对立’，好像这是两种互不相干的‘事物’，好像人们面前始终不会有历史的自然和自然的历史”①。哈维对此提出的批评可谓一针见血：“‘人类与自然世界处于冲突过程之中’，这种论调在许多方面看来都是奇怪的。它使得人类似乎不知怎地就处于自然世界的外围，把人类比喻成与自然世界其余部分发生冲撞的某个小行星，从而避开了人类藉此共生地改造世界并改造他们自己的那个长期进化变革史”②。生态马克思主义者更是看清了该点，他们指出，两种主义的纷争虽然触及一些往常被忽视的问题，但“仅仅是对诸如人类征服自然和自然崇拜之间的对立这样古老的二元论的重新阐述”③。这种二分法不仅妨碍了正确知识的积累和有益实践的发展，并且它本身就是造成生态问题的思想根源。因此，唯有抛开一切经院哲学式的无谓争论，从抽象反思回归现实关怀，从感性直观走向生产实践，立足人的劳动过程及其价值立场去辩证考察人地交互关系，才能整合和超越两种主义的理论预设，消弭当下岌岌可危的生存发展困境。

众所周知，在《资本论》第一卷第五章中，马克思给劳动概念做过如下经典定义：“劳动首先是人和自然之间的过程，是人以自身的活动来中介、调整和控制人和自然之间的物质变换的过程”，并指认劳动过程内含“有目的的活动或劳动本身，劳动对象和劳动资料”④ 三个基本要素。据此，我们可将劳动过程拆解为两大部分：①“人以自身的活动来中介、调整和控制”（简称“目的行为”）；②“人和自然之间的物质变换”（简称“物质变换”）。前者突出改造自

① 《马克思恩格斯选集》（第1卷），人民出版社1995年版，第76页。马克思在该著作（《德意志意识形态》）手稿中的一段话，表明了自己的立场观点：“我们仅仅知道一门唯一的科学，即历史科学。历史可以从两方面来考察，可以把它划分为自然史和人类史。但这两方面是不可分割的；只要有人存在，自然史和人类史就彼此相互制约”。——《马克思恩格斯选集》（第1卷），人民出版社1995年版，第66页。

② ［英］大卫·哈维：《希望的空间》，胡大平译，南京大学出版社2006年版，第212页。

③ ［美］约翰·贝拉米·福斯特：《马克思的生态学——唯物主义与自然》，刘仁胜、肖峰译，高等教育出版社2006年版，第21页。

④ 《马克思恩格斯选集》（第2卷），人民出版社1995年版，第177—178页。

然的合目的性——属人形式，后者强调顺应自然的合规律性——自然质料。[①]

“目的行为”即劳动本身。在劳动过程中，人作为劳动主体具有计划、意志等目的性意识；而自然作为质料（劳动对象和劳动资料）本身并无目的，只是作为确证人的本质力量的手段。动物的劳动同人类的劳动之最大区别就在于前者是本能式行为，后者则带有强烈的目的性指向：“蜘蛛的活动与织工的活动相似，蜜蜂建筑蜂房的本领使人间的许多建筑师感到惭愧。但是，最蹩脚的建筑师从一开始就比最灵巧的蜜蜂高明的地方，是他在用蜂蜡建筑蜂房以前，已经在自己的头脑中把它建成了。劳动过程结束时得到的结果，在这个过程开始时就已经在劳动者的想象中存在着，即已经观念地存在着。他不仅使自然物发生形式变化，同时他还**在自然物中实现自己的目的**”[②]。恩格斯的表述则更加直接：“一句话，动物仅仅利用外部自然界，简单地通过自身的存在在自然界中引起变化；而人则通过他所作出的改变来**使自然界为自己的目的服务**，来支配自然界。这便是人同其他动物的最终的本质的差别”[③]。由此可见，“动物只是按照它所属的那个种的尺度和需要来构造”[④]，但人“懂得处处都把内在的尺度运用于对

① 该观点最早源自日本学者岛崎隆，他认为马克思的劳动过程理论具有两方面的规定性：1.“目的实现的对象化活动”；2.“作为质料转换的自然过程”。韩立新教授依据岛崎隆的这一说法，将此分别简述为“目的实现”和“物质代谢”。他称二者构成了劳动过程的双重逻辑，彰显了马克思辩证劳动观的生态学意蕴。详阅韩立新《马克思主义生态学与马克思的劳动过程理论》，郇庆治主编《重建现代文明的根基——生态社会主义研究》，北京大学出版社2010年版，第37—62页。

② 《马克思恩格斯选集》（第2卷），人民出版社1995年版，第178页。

③ 《马克思恩格斯选集》（第4卷），人民出版社1995年版，第383页。恩格斯在“支配自然界”这处的页边写着：“通过改良”，这便与平常意义上那种表征主仆关系式的绝对支配区别开来。其实在马克思、恩格斯二人的著作中，论及人和自然关系时所用到的诸如“统治”、“支配”、“控制”、“调节”、“中介”这些词往往并不带有贬义色彩。帕森斯和格伦德曼等人为此专门就马克思“支配自然”这一问题进行了细致分析。他们纠正了施密特把马克思的“支配”和“剥削”等同起来的错误；区分了马克思所谓的支配和资本主义对自然支配的差别；并进一步将“支配”概念与马克思共产主义理论联系起来加以研究。

④ 《1844年经济学哲学手稿》，人民出版社2000年版，第58页。

象"[①]，正是目的性成了人类劳动超越动物活动的关键所在。这种能够在意识中确立并通过劳动实践实现自身目的的本质特性，"在物种方面把人和其余的动物中提升出来"，使人成为自由自觉的能动存在物。然而，人的劳动过程除了目的性设定以外，还须有内容性规定，即进行怎样的劳动生产和怎样进行生产。

"物质变换"的提出意在说明人与自然之间是一种交互式的关系样态，强调的是人的受动性，以及同自然环境的连续性："人作为自然的、肉体的、感性的、对象性的存在物，同动植物一样，是受动的、受制约的和受限制的存在物"；"人靠自然界来生活。这就是说，自然界是人为了不致死亡而必须与之处于持续不断的交互作用过程的、人的身体。所谓人的肉体生活和精神生活同自然界相联系，不外是说自然界同自身相联系，因为人是自然界的一部分。"[②]因此，这便给人的能动性所表征出的"目的行为"加以了限定，人的自由不是支配自然的自由，不是脱离自然的自由，而只能是一种境遇中的自由，在自然中的自由。即人的生产劳动始终要受到自然对象的制约，生态规律具有天然的不可解消性，人不仅要"懂得处处都把内在的尺度运用于对象"[③]，而且必须"懂得按照任何一个种的尺度来进行生产"。[④]正是基于此，马克思在说到那个蹩脚的建筑师在自然中实现自身目的的时候，紧接着写道："这个目的是他所知道的，是作为规律决定他的活动的方式和方法的，他必须使他的意志服从这个目的"[⑤]。更重要的是，人与自然之间的物质变换过程，凸显了二者共生共荣的关系面相：它一方面是自然对人类的养育过程（自然→人类），另一方面是人类对自然的反哺过程（人类→自然）。人类无论是过度消耗自然资源，还是突破环境降解极限，都会造成自然→人类→自然的循环断裂；相反，人类若能够"一天天地学会更正确地

---

① 《1844年经济学哲学手稿》，人民出版社2000年版，第58页。

② 同上书，第105、56—57页。

③ 同上书，第58页。

④ 同上。

⑤ 《马克思恩格斯选集》（第2卷），人民出版社1995年版，第178页。

理解自然规律”，“而且也认识到自身和自然界的一体性”①，进而合理地“中介、调整和控制”自然环境则就能实现人类→自然→人类的永续循环。因此，物质变换思想表达的是人类与赖以栖息的生态环境之间的相互作用、双向改造的辩证关系，这同生态学的基本内涵②以及当今循环经济的绿色发展理念内在契合，甚至是更高一筹的。

由此我们可以发现，主张对自然实施绝对支配的资本中心主义者因片面强调“目的行为”，而只是在物种方面将人从动物提升出来，资本主义生产方式是以劳动的异化形式或者说片面的形式（夸大目的行为，无视物质变换）呈现出来的；相反，遵奉自然根源性地位的生态中心主义者因过分侧重“物质变换”，而可能将人再次降格为动物，阻断人类由必然王国向自由王国挺进的通道。二者都未能认清人与外部环境绝非天然对立，“人直接地是自然存在物”，自然界亦是“人的无机的身体”。执拗于劳动过程的一个面相互相诘难，重复些祛魅抑或膜拜的空洞话语，都是深受资产阶级意识形态和形而上学极化思维长期浸淫的后果。遗憾的是，这在生态马克思主义部分学者身上也多少犯有类似错误。如本顿因未看到马克思劳动理论的“物质变换”维度，而指责马克思夸大了人类改造自然的能力；奥康纳认为马克思虽然成功论证了在不同生产方式中，自然界遭遇着不同的社会性建构，但自然界本真的自主运作性，即作为一种既能助益又会限制人类活动的力量则被逐渐淡忘或置于边缘地位，故马克思思想中缺失丰富的生态感受性。相反，福斯特、克拉克等人因过于强调“物质变换”的规定性意义而走向另一极端，他们通过考察马克思的

---

① 《马克思恩格斯选集》（第4卷），人民出版社1995年版，第384页。

② “生态学”（Ökologie）一词是1866年由勒特（Reiter）合并两个希腊词“Οικοθ”和“Λογοθ”构成，本意是研究栖息地的学问。同年，德国生物学家恩斯特·赫克尔于《一般生态学》一书中首次将生态学定义为：研究动物与其环境之间利害关系的科学。从此，揭开了生态学发展的序幕。美国学者唐纳德·沃斯特通过历史考证发现，“生态学的思想形成于它有名字之前。它的近代历史始于18世纪，当时它是以一种更为复杂的观察地球的生命结构的方式出现的：是探求一种把所有地球上活着的有机体描述为一个有着内在联系的整体的观点”（［美］唐纳德·沃斯特：《自然的经济体系——生态思想史》，侯文蕙译，商务印书馆1999年版，前言第14页）。此后，生态学被广泛理解为研究有机体与其生存环境相互关系及其作用机理的科学。

新陈代谢理论，得出马克思思想本身就是生态学的偏颇理论，甚至将马克思归结为自然中心论者。

事实上，马克思将二者有机统合进劳动过程中，指出通过目的行为中介的物质变换过程是自然向人以及人向自然的共生过程，是合目的性和合规律性的辩证统一，从而内在扬弃了征服支配与敬畏复魅的纠缠对立，生产者联合体对人与自然关系的合理规制乃社会主义的应有之义。当然，若想实现人与自然关系的和解，还离不开人与人之间矛盾的消除，从而也就必然牵扯到社会关系的批判维度。因为只有实现了社会正义，才能真正将生产者联结在一起，去“合理地调节他们和自然之间的物质变换，把它置于他们的共同控制之下，而不让它作为盲目的力量来统治自己；靠消耗最小的力量，在最无愧于和最适合于他们的人类本性的条件下来进行这种物质变换”①。

三　以什么人为本：环境正义和社会正义的契合

生态问题是个社会性范畴，自然史和人类史如硬币之一体两面，彼此制约互为表里。撇开人与人的关系，抽象地谈论人与自然的关系，是无法真正消解生态危机的。社会生态学家布克金有句名言，人对自然的支配源于人对人的支配；莱斯也曾明确指出，控制自然只是控制人的手段。他们都认为，人与自然的关系取决于人与人的关系。马克思则更为全面地表达了人地关系和人际关系的辩证作用：“人们对自然界的狭隘的关系决定着他们之间的狭隘的关系，而他们之间的狭隘的关系又决定着他们对自然界的狭隘的关系”②。即是说，生态问题更是一个社会问题和政治问题。

（一）代内正义：“红”与“绿”的联姻

生态问题的破解离不开对社会问题的探讨，人与自然的和解离不

---

① 《资本论》（第3卷），人民出版社2004年版，第919页。

② 《马克思恩格斯选集》（第1卷），人民出版社1995年版，第82页。

开人与人的和解，消弭不同主体的冲突对立和利益剥削，才有望阻滞生态危机的愈演愈烈。而实现人与人的和解，需要首先明确人是什么。

马克思在《关于费尔巴哈的提纲》说道："人的本质不是单个人所固有的抽象物，在其现实性上，它是一切社会关系的总和"①。即是说，现实的人是社会关系的产物，人的存在先于本质，在特定社会关系中生成的个体必定有很大差异。因此，在溯源生态问题解决人类生存危机时，决不能从纯粹生物学视角去武断地归罪全人类，而不加甄别是何种人在戕害地球。抽象暧昧的"类"这一字眼将老人和青年、妇女和儿童、饥民和富豪等统统置于一种与现实完全不符的同等地位，这分明是即未考虑历史也罔顾现实的强盗逻辑，因而必定导致环境正义的阙如。殊不知，无论是从国家层面的区别来看（地理位置、资源禀赋、发达程度、历史责任等方面），还是就个体层面的差异来讲（经济状况、社会地位、身体素质、性别年龄等方面），每一个具体的国家和人群在环境获益、受害和责任分担上都是截然不同的②。因此，"为环境公正而进行的斗争，是超越人种、阶级、性别、帝国压迫、环境掠夺等相互关系的斗争"③。与此同时，环境破坏并非同等地作用于所有人，那些抵御生态风险能力最弱的人——"生物学上的弱者"（老弱病残）以及"经济学中的弱者"（底层穷人）——受害最深，虽然他们往往是对环境破坏最小的群体，而所谓精英群体生态足迹最大却可通过移民等方式轻松规避环境污染。如今，环境问题上强者破坏、弱者遭罪的现象已同资本市场的经济剥削勾连在一起，演变成一种全新的结构性暴力和广泛非正义，环境危机由此扩散为严重的生存危机、全面的社会危机以及深层的文明危机。

---

① 《马克思恩格斯选集》（第1卷），人民出版社1995年版，第56页。

② 本书在"第一章第二部分历史与现实的考察和反驳"中，描述了富裕人群和贫困人口在能源消费、生态足迹等方面的天壤之别；也于"第三章第三部分'生态帝国主义'的掳掠方式"里，对发达国家嫁祸落后地区、实行生态殖民的卑劣行径给予了批判。此处不再赘言。

③ ［美］约翰·贝拉米·福斯特：《生态危机与资本主义》，耿建新、宋兴无译，上海译文出版社2006年版，第34页。

但广大环保团体囿于视野局限，无视伸张社会正义的极端重要性，导致生态运动相继失败。福斯特在《无阶级倾向的环保主义者的局限性：西北太平洋沿岸原始森林斗争的教训》一文[①]中对此做出了详尽阐述：环保主义者为保护原始森林坚决抵制木材采伐，将林业工人视作“自然的敌人”；依靠伐木维持生计的工人则奋起反抗，称环保团体为“人民的敌人”，结果引发了一场旷日持久、两败俱伤的生态与阶级冲突。福斯特指出，正因为环保主义者宣称秉持的是一种所谓超越阶级斗争的政治立场，试图撇开社会公正问题去独立开展生态运动，才不仅没能联合工人运动，反倒使得资方从中渔利。佩珀更是直言，“社会正义或它在全球范围的日益缺乏是所有环境问题中最为紧迫的。地球高峰会议清楚地表明，实现更多的社会公正是与臭氧层耗尽、全球变暖以及其他全球难题做斗争的前提条件”[②]。

因此，消解生态危机的出路已很明晰，就是必须要实现环境正义与社会正义的联姻。那么，这种正义是何种正义呢？又有何种正义才能完成“红绿交融”呢？我们不妨简略考察一下当前最具代表性的三个正义理论：“（1）传统的自由主义；（2）功利主义；（3）罗尔斯的正义理论”[③]。1. 源自约翰·洛克、亚当·斯密的传统自由主义理论，主张个人的天赋权利，但因过于强调自由（较之于平等、团结）的优先性，故而往往自行其是，所奉行的“各扫门前雪”的利己策略，导致国际层面的环境保护合作难以开展。已然破产的京都议定书，以及并无实质进展的气候峰会便是最好的例证。2. 杰里米·边沁开创的功利主义虽然关注每一个人的分配正义，但因持守“最大多数人的最大幸福”的理念，而可能漠视部分弱势群体的正当诉求，最终陷入“环境沙文主义”的泥沼。例如，当前为改善公共环境而推广的生物能源符合功利主义的正义原则，但由此带来的耕地紧

---

① 详阅［美］约翰·贝拉米·福斯特《生态危机与资本主义》，耿建新等译，上海译文出版社 2006 年版，第 97—129 页。

② ［美］戴维·佩珀：《生态社会主义：从深生态学到社会正义》，刘颖译，山东大学出版社 2012 年版，第一版前言。

③ 韩立新：《环境价值论》，云南人民出版社 2005 年版，第 178 页。

缺粮价上涨，却直接危及了赤贫人口的生存权利。[①] 3. 罗尔斯正义理论遵循两大原则，这两个原则历经数次过渡性陈述才最终呈现出来。"第一个正义原则：每个人对与所有人所拥有的最广泛平等的基本自由体系相容的类似自由体系都应有一种平等的权利（平等自由原则）。第二个正义原则：社会的和经济的不平等应该这样安排，使它们：（1）在与正义的储存原则一致的情况下，适合于最少受惠者的最大利益（差别原则）；（2）依系于在机会公平平等的条件下职务和地位向所有人开放（机会的公正平等原则）。"[②] 由此不难看出，该正义论是"作为公平的正义"（justice as fairness），这种公平不仅强调每个人的自由平等和机会公正，更内在倾向于弱势群体的利益诉求，故而在一定程度上实现了对自由主义（天赋自由→平等自由）和功利主义（"最大多数人的最大幸福"→"最少受惠者的最大利益"）的双重超越。

所以，罗尔斯的正义理论是时下切实可行的社会正义原则，该理论坚持以全体社会人为本，具有普遍适用性，在环境保全问题上可确保通力合作，拒斥以邻为壑；同时还尤为关注弱势群体的生存发展，具有极强针对性，在恢复生态系统时不忘满足作为最少受惠者的社会底层人民之利益诉求。这种内含差别的超平等主义，与社会主义生态文明的建构旨趣相吻合。

（二）代际正义：生态保全的共生理念

秉持最少受惠者优先的环境正义理论涉及的仍是共时性的正义问题，对现有的伦理并未构成实质性冲击。因此没有太多理论困难，而只存在实践障碍。但以人为本之"人"并不只是个共时性概念，它还包括未来的子孙后代。当代人"拿今天换明天"的豪赌心态，以

---

① 奥康纳对"分配性正义"存在的问题做过深入探讨。参阅［美］詹姆斯·奥康纳《自然的理由——生态马克思主义研究》，唐正东、臧佩洪译，南京大学出版社 2003 年版，第 535—538 页。

② ［美］约翰·罗尔斯：《正义论》，何怀宏、何包钢、廖申白译，中国社会科学出版社 1988 年版，译者前言，第 7—8 页。

及“死后哪管洪水滔天”的急功近利正是我们所竭力反对的。加之，消解生态问题、保护自然环境是个持之以恒的过程，其中必然触及代与代之间的利益享有和责任分摊。故而，环境正义乃至社会正义理应关涉当代人同后代人之间的正义，即代际正义。为了确保人类的永续发展，我们在横向延展正义的适用范围之时，还须加进时间的纵坐标，让正义图式获得完整的时空向度。

1. 代际正义招致双重质疑

代际正义一经提出就遭到了广泛质疑，许多学者对代际正义的正当性表示了担忧，并分别从常识的角度和理论的视域提出了质疑。从常识角度反对的理由大致有二：（1）事实不确定。未来难以预测，也许到时行星撞地球导致人类灭绝，今人保护环境实属徒劳；基因工程可能将未来人类改造得足以适应恶劣环境，新鲜空气和清洁淡水已无必要。总之，既然我们无法推知未来，也就没必要杞人忧天，在当下做出无谓牺牲。（2）价值观不确定。未来子孙可能与我们现代人的价值观念有很大出入，他们或许就喜欢荒凉的大地、污浊的空气。总之，既然无从知晓他们的兴趣爱好，也就无须限制当代人的自由。然而，这两个理由其实都经不起推敲：前者夸大了时代变化的绝对性，犯了历史相对主义谬误。过往历史表明，地球气象状况、地质构造及人类遗传基因并未发生根本改变，我们没有理由笃信未来会发生重大变故，因而只能依照现在的情形担负应有的责任；后者则混淆了正义和兴趣的本质差异，是推诿责任的强词夺理。人在面临生死存亡时，是没有兴致去探讨喜好何种价值观的，只会把生命与正义放在首位优先考量。这两种反对理由归根到底是出于维护狭隘的经济利益而做出的恶意诡辩。[①]

代际正义遭遇的最大困难，是如何给予其以恰当的理论证明。所谓代际正义就是当代人向未来人承担义务。但义务从来不是单方面的，它是同权利相对的概念，缘起于利益的相互性，没有义务无所谓权利，没有权利也就无所谓义务。于是，一个重要的理论问题随即横亘在了所有倡导代际正义的学者面前：由于当代人和未来人不处于同

---

① 参阅韩立新《环境价值论》，云南人民出版社 2005 年版，第 189—192 页。

一时空境遇下，我们的子孙后代尚未出场，无法同他们制定历时性的社会契约，故而难以建构基于对等交换的义务权利关系。据此，这些学者纷纷抛弃与社会契约论密切相关的权责概念，搜寻新的理论基点。可他们仍主要停留于利他主义原则的道德说教，无法做出令人信服的学理论证。

2. 对代际正义的理论证成

针对代际正义遭遇的理论困境，笔者初步设想了两种解决方案：

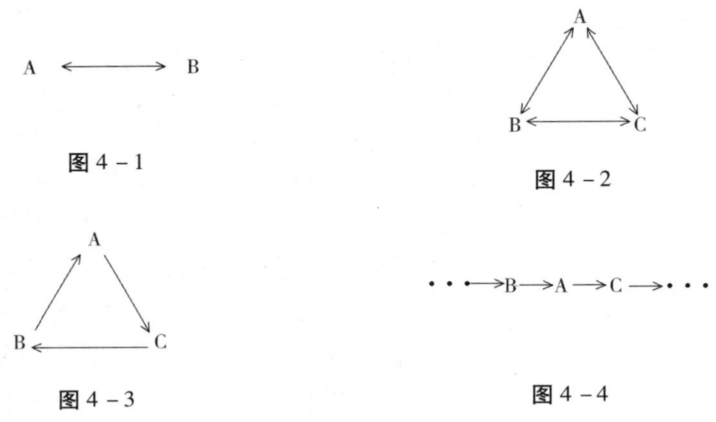

图 4 – 1

图 4 – 2

图 4 – 3

图 4 – 4

（1）对社会契约论的修正

社会契约论的一个重要原则就是权责的**对等性**，因此修正契约论即是对“对等性”意涵作出再定义。①传统意义上的对等性是指，两个主体之间权利和义务的对等。如图 4 – 1：A 让渡权利给 B（A→B），B 又给予 A 权利（B→A），二者由此形成了权利和义务的对等关系（A↔B）。②然而，人是社会性的存在物，是普遍交往的关系性主体，主体 A 不可能只同 B 这一个主体发生权责关系。因此，随着人类交往范围的扩大，社会契约便在多个主体间发生了效力。A 除了和 B 发生权责关系（A↔B）、还会同 C 构成契约关系（A↔C）、当然 B 与 C 之间亦是如此（B↔C）。于是便出现了图 4 – 2 所呈现的 A、B、C 三者之间权利与义务的交互关系。③上述两种对等关系并无争议，修正“对等性”含义的关键就在于能否由图 4 – 2 引申出图 4 – 3

的结构关系。图4－3是图4－2关系式的简化，即A与B，B与C，A与C这三组并未构成完整的权责关系，A给予了C权利（A→C），C并未返还相应的权利（C→A）。同样，C给予了B权利（C→B），B并未返还相应的权利（B→C）；B给予了A权利（B→A），A也并未返还相应的权利（A→B）。但这其实没有颠覆对等性关系的概念，因为对于主体A来讲，他做出的牺牲由B替C做出了弥补（B→A），而B之所以这么做是为了偿还C给他的恩惠（C→B）。打个比方，甲借给乙10万块买车，乙又借给丙10万块砌房并要求丙直接还钱给甲，三人践履了契约精神（甲→乙→丙→甲），他们均在付出义务的同时获取了回报，谁也没有遭受损失。由此可见，对等性无须拘泥于两个主体之间完成，而是可以通过联结多个主体，在主体间的交往关系中实现。④从图4－3可知，对等性并非指涉特定的两个主体（A↔B、A↔C、B↔C），而是针对每个主体自身（→A→、→B→、→C→）。只要每个主体都舍弃部分权益（A→、B→、C→）并得到相应回报（→A、→B、→C），他们作为社会人就能构成对等性的契约关系。据此，我们便可合乎逻辑地给“对等性”加入时间的维度，从而将其打造成一个完整的时空性概念，见图4－4：…→B→A→C→…（这里的B和C都不是当代人，他们三者是这样一种关系，…→上代→当代→后代→…）。

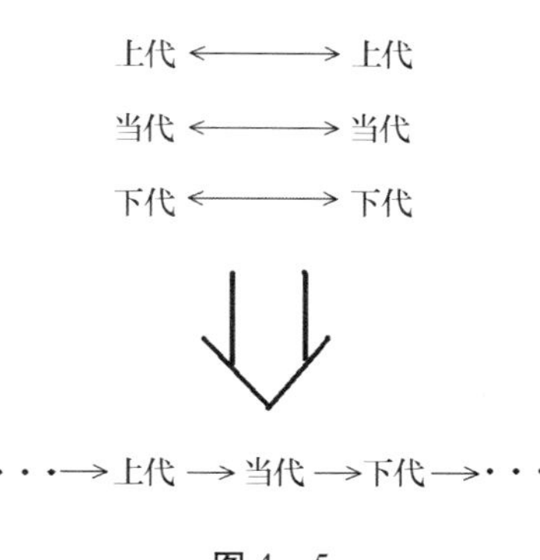

图4－5

具体来讲，拓展社会契约论的适用范围，如图4－5（共时性→历时性），是通过明确“对等性”概念完成的：B →̣ A →̣ B（析出主体 B，凸显单一主体A 的**权利**→A 和**义务** A →对等关系）。因此，在传统共时性的社会契约论视域内，虽然当代人与未来人无法形成权责关系（当代↔后代），我们只是在对他们实行单方面的义务（当代→后代）而无法享受后代给予的回报（后代→当代），契约似乎无从谈起；可一旦打开历史性的宽广视野，突破时空的界域，我们就会明白，当代人担负责任的理据源于他们自上代人那里获得的权益：我们无法回报先人，只得向先人学习将生态财富传给下一代，这体现了作为过去、现在和未来的人类之间的一种互酬关系（…→上代→当代→后代→…）。每一代人都在行使权利的同时履行义务（→上代→、→当代→、→后代→），作为当代人的我们既是上代人的“债务人”，又是未来人的“债权人”。有道是，“前人栽树后人乘凉”，如果我们在乘完凉后自私地砍掉祖祖辈辈辛勤浇灌的大树，让子孙后代在太阳底下曝晒，就是单方面撕毁全体人类为谋求永续发展而共同“签署”的契约。这份契约是从每个人诞生之日起就自行生效了的，无从推脱。它绝不是意图规劝当代人为保障子孙后代的发展奉行禁欲主义或是让渡出自身生存权，而是要求我们像接力比赛的队员那样将人类世世代代积攒的宝贵生态财富一直传递下去。更重要的是，由于每代人做出的牺牲已经先行得到了补偿（→上代、→当代、→后代），更确切地说是先受惠后回报。故而，代际正义相较于代内正义更有履约的充足理由和绝对义务。

当然，这只是笔者很不成熟的浅见，用社会契约论的范式论证代际伦理的正当性，还有诸多问题亟待解决。例如，社会契约论当初正是在破除传统世袭制，祛除历时性伦理基础上建构起来的。而今，又要在社会契约论里加入时间的维度确实需要去加深理论研究，做出更合理地解释。

（2）基于家庭伦理的论证

与其说是论证，不如说是陈述自然事实。日常生活经验表明，人类的义务绝非源于社会契约论，而是来自父母关爱子女这一自然事实。虽然自古就有养儿防老一说，但父母抚育儿女大多不求回报，是天性使然。而这种天性并不是人所独有，在动物界亦是普遍现象，生活非洲草原上的母狮产仔后将它喂养大，幼狮成年后就会自行离开母亲开始新的生活，而这成年后的狮子又会接着哺育下一代，如此绵延不绝。可以说，正是这一“不图回报”的本能行为才使得地球物种生生不息。动物尚且如此，作为道德主体的人更应责无旁贷地为子孙后代营创宜居的生活环境。而基于这种生殖行为衍变出来的责任伦理和公共道德，正是人在社会方面从动物界提升出来的关键。这种二次提升需要借助“一个有计划地从事生产和分配的自觉的社会生产组织”[①] 来实现。并且在实现了该生产组织的社会形态看来，“个别人对土地的私有权，和一个人对另一个人的私有权一样，是十分荒谬的。甚至整个社会，一个民族，以至一切同时存在的社会加在一起，都不是土地的所有者。他们只是土地的占有者，土地的受益者，并且他们应当作为**好家长**把土地改良后传给后代”[②]。马克思的这番论述说明，基于家庭伦理的社会生产能够实现环境保全的代际正义。

综上所言，践履代内正义和代际正义，实现人与自然的和谐共荣，必须从对资本的依附关系中走出来，去积极扬弃人的物化状态。而这只有沿着遵循以人为本的社会主义方向，通过民主的、有计划的，强调满足人们可持续发展需要的生产劳动去逐渐达致。

四 以人的什么为本：需要的首要性和双重解放

马克思曾在《哥达纲领批判》中说过这样一段话：“在共产主义社会高级阶段，在迫使个人奴隶般地服从分工的情形已经消失，从而脑力劳动和体力劳动的对立也随之消失之后；在劳动已经不仅仅是谋生的手段，而且本身成了生活的第一需要之后；在随着个人的全面发展，他们的生产力也增长起来了，而集体财富的一切源泉都充分涌流之后——只有在那个时候，才能完全超出资产阶级权利的狭隘眼界，

① 《马克思恩格斯选集》（第4卷），人民出版社1995年版，第275页。

② 《资本论》（第3卷），人民出版社2004年版，第838页。

社会才能在自己的旗帜上写上：各尽所能，**按需分配!**”① 由此不难看出，在马克思构想的共产主义社会中，脑体对立的消失、劳动成为生活第一需要、个人得到全面发展、集体财富充分涌现等等，这一切都只是实行按需分配原则的必要条件。也就是说，人的富足程度将取决于需要的满足程度，满足人的需要才最为根本。

（一）立足于需要满足的社会主义生态文明

那么，问题也随之而来了：许多学者指出，人的需要是永不餍足的，马克思主张通过生产大量物质财富去填平人的无尽需要势必会耗竭自然资源，因此这是反生态的言论应果断抛弃。事实的确如此吗？马克思是否缺乏敏锐的生态感受性？他的共产主义理论果真存在生态学空场？建设社会主义生态文明必须压抑人的需要？回应这些问题，都须从何谓“需要”说起。

1. 需要与欲求之区别

澄明需要的本真内涵，摒除人们对需要的种种误解，是通过比较区分需要（needs）和欲求（wants）这组概念来达成的。

（1）需要的东西通常是必不可少的；而欲求的东西大多可有可无。虽说这无法在理论上严格界定，但在现实中却还是较易区分的，比如一个家庭购置一套商品房是需要，而拥有数十套商品房则是欲求；买只布包是需要，买只鳄鱼皮包则是欲求。这样我们就能将需要和浪费、奢侈脱离干系。必需品是个历史性的概念，伴随需求体系的完善，人对尊严的需要、对精神享受的需要、对自我实现的需要、对生态文明的需要等都会成为必需的需要，需要的内容逐步得到了丰富和扩充。

（2）但我们不能由此得出这样的结论：需要之物和欲求之物的差别，就在于必需品和奢侈品之间的区分。因为必需品和奢侈品之间的区别大多是暂时性的，如 18 世纪铝制品比金银还贵堪称奢侈品，但随着生产工艺的提升很快就成为廉价的必需品；发生饥荒时吃只鸡

① 《马克思恩格斯选集》（第 3 卷），人民出版社 1995 年版，第 305 页。

是奢侈的行为，如今随着生活条件的改善则成了均衡膳食的必需品。可诸多欲求的东西却永远无法转换为需要的东西，如鱼翅燕窝、熊掌虎骨都不应是人类食材的对象，这些所欲之物用马克思的话说是"非人的、精致的、非自然的和幻想出来的"①，因而也必定是不合理的。

（3）这里还须澄清和批评的是，有些人将必不可少的需要和可有可无的欲求，视作人类需要的不同层次。进言之，他们认为需要低于欲求，欲求是历史发展起来的高阶需要，正是欲求拉动了消费并推涨了经济。这一论断显然贬抑了需要，也模糊了二者的界限。比如，欣赏高雅艺术、研究科学真理是人类完善自我的需要，但贪求口腹之欲却只是人的动物性机能的表现。所以，恰恰相反，人的欲求是单一的低层次的，而需要则是丰富而广泛的：人类"第一个历史活动就是生产满足这些需要的资料"，"已经得到满足的第一需要本身、满足需要的活动和已经获得的为满足需要而用的工具又引起新的需要。"② 总之，"人以其需要的无限性和广泛性区别于其他一切动物"③。

（4）接下来可能会面临一个问题，即如果需要和欲求的东西是同一个，那么是否还能这么去做区分？或者说是否还有区分的必要？要解答这一疑问，我们须从分析需要和欲求的完整表达形式入手：需要，"A 君需要 C"这一表述形式其实是对"A 君为了 B 需要 C"这个三元结构的省略；而欲求，"X 君欲求 Z"也具有同样的三元结构"X 君为了 Y 欲求 Z"。那么如果 C = Z，则区分 C 是需要，Z 是欲求的标准，就不在于它们本身，而应着眼于对 B 和 Y 的考察。打个比方，A 君和 X 君都要钱，这时 C = Z = 钱，但 A 是为了 B（买面包→果腹），X 却是为了 Y（买钻戒→炫富），则我们就能依据 1 将需要和欲求区别开来。

（5）由此，我们还能发现一个新的问题，个人对果腹的需要是

① 《1844 年经济学哲学手稿》，人民出版社 2000 年版，第 120 页。
② 《马克思恩格斯选集》（第 1 卷），人民出版社 1995 年版，第 79 页。
③ 《马克思恩格斯全集》（第 49 卷），人民出版社 1982 年版，第 130 页。

有限的（人的生理构造决定了这点），但对炫富的欲求却是无尽的（买完钻戒还会买豪车、买游艇甚至买飞机……）。并且某些欲求不是作为实现其他目标而被欲望的工具性事物，即这些欲求本身就是自成目的性的事物，这类欲求完全不同于所有需要以及一般性欲求，而只剩下“X君欲求Z”这个二元结构。于是，欲求Z就处在意向性的心理状态中，促使X君不顾一切地得到它。由于X君欲求Z来自这样一种执着的信念，而不是将Z视为实现某个Y的必要条件，就会导致Z成了不可替代的且永无止境的目标追求，欲壑难填表达的就是这个意思。例如，守财奴葛朗台一生都在追逐金钱，积蓄金钱对他而言已从手段上升为目的，货币拜物教盖源于此。丹尼尔·贝尔便看到了这点，他指出，在消费社会“所要满足的不是需要，而是欲求。欲求超过了生理本能，进入心理层次，因而它是无限的要求”①。

（6）需要对于特定时空下的单个人而言在量上是有限的，作为全体人类的需要在质上则是不断丰富的过程。并且对于个人而言的有限需要，主要指涉的是基本的生存需要（吃、穿、生殖），而谋求发展的高层次需要则是一个开放向上的自我实现的积极过程。即健康的需要结构应是倒金字塔形的，底层的生存需要渐趋窄化，位于塔顶的发展需要则日益扩展。与之相反，欲求的所谓无限性只是对商品需求的无限，是对物化财富的贪婪占有，它对于艺术审美、道德修养、科学研究等人类特有的需要则毫无兴趣。因此，欲求只是停滞于最基本的物质享受，其内部并无层次高下之分。

（7）需要源于一种自主行为，而欲求往往是主体人在同他者发生交互关系时，或者是由资本市场和大众传媒操纵撩拨所激发出来的。比如，无论是作为基础性的饮食需要，还是作为高层次的审美需要（看画展、听歌剧），都源于主体自身的内在需要；相反，近年被媒体争相报道的女学生为买奢侈品攀比斗阔不惜“卖身（割肾、援交）换购”的数起极端案例，就是病态的欲求作祟的结果。与此同

① ［美］丹尼尔·贝尔：《资本主义文化矛盾》，赵一凡、蒲隆、任晓晋译，生活·读书·新知三联书店1989年版，第68页。

时，人们之所以在日常生活中无法正确区分某些需要和欲求，是因为二者都是社会性的产物，在特定社会生产关系下，欲求的对象被一些利益集团悄然转化为了需要的虚假对象。①

由此可见，人的本真需要起码包括了这些属性：必需的、恒定的、多元的、对象性的、量的有限，以及自主的。这些属性之间是相互交织而非彼此冲突的关系。比如，需要虽然丰富多元，没有质的极限，但由于它必须是自主且合理的，也就限定了一些欲求永远无法转换为需要，故它的范围是恒定的，在量上也是有限的。而欲求是一种无意识的“伪我要”。在资本逻辑的座架下，“我”的欲求不过是他者的欲求之欲求，欲求总在需要之外划分。通过以上分析，我们能够将真实的需要和虚假的需要（即欲求）大致区分开来，并可用两张图简单呈现出来：

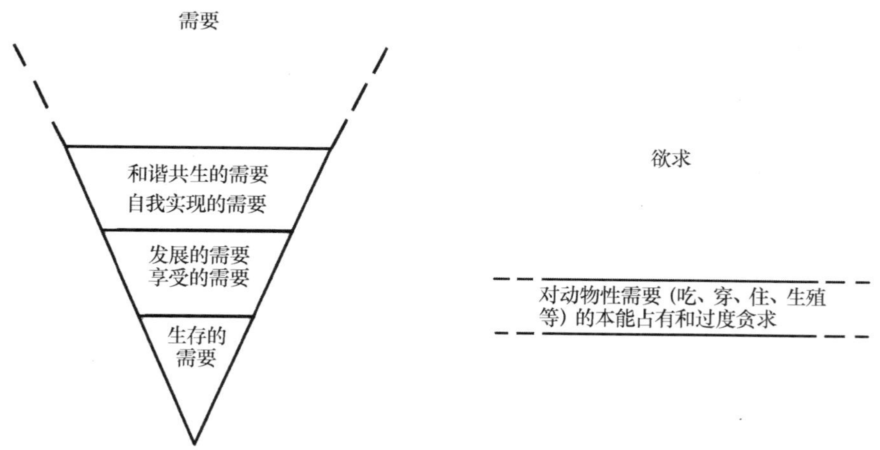

与虚假需要（即欲求）对立的人的本真需要，注重质的提升而非量的积累，注重精神享受而非物质索取，不单有自我发展的诉求，更有同自然万物和谐共荣的企盼。进言之，真正属人的需要是摆脱动

① 这在本书“第一章第二部分的消费主义出场的根由”中已经涉及，在马克思《1844年经济学哲学手稿》［私有财产和需要］里更有详细阐述，兹不赘言。

物性欲求束缚之后所实现的“人的一切感觉和特性的彻底解放”，是将自身与生态融为一体的伟大觉解。据此，我们有理由相信，社会主义生态文明完全可以（或者毋宁说应该）以满足人的丰富需要为目标旨趣。而这种需要的生成和满足源于人的全面生产活动，而非消费活动（欲求的满足）。

2. 塑造面向需要的全面生产

面向需要的全面生产能否消除生态危机，成为构建社会主义生态文明的基石？这必须从分析全面生产的内涵入手。在马克思哲学中，全面生产主要由四种生产构成：物质生活资料的生产（即物质生产）、人的生产、精神生产和社会关系的生产。① 其中，作为基础层面的物质生产决定着其他三类生产，是全面生产的中最根本也是最直接地同自然发生交互关系的生产形式。因此，我们这里所探讨的全面生产指涉的是全面的物质生产劳动。

马克思曾在《1844 年经济学哲学手稿》中指出，动物同人类的本质差别就在于，前者的生产是片面的，后者的生产则是全面的。而人的生产之所以全面是因为人能自觉运用两种尺度，进而依凭美的规律来开展生产活动。第一、“动物只是按照它所属的那个种的尺度和需要来构造，而人懂得按照任何一个种的尺度来进行生产”②。这个万物的尺度就是自然的尺度，就是自然规律。那么这样的理解是否正确呢？这可通过引述恩格斯的一段话得到印证：“我们对自然界的全部统治力量，就在于我们比其他一切动物强，能够认识和正确运用自然规律”③。因此，“任何一个种的尺度”即“自然规律”。全面生产的首要条件就是正确认识并明智地利用自然规律，这种遵循自然规律的生产过程不是像动物那样按照有机体的自然属性被动参与到生态循环中，而是合理调控人类社会与生态环境之间物质代谢的劳动过程。第二、“并且懂得处处都把内在的尺度运用于对象”④。人的内在尺度

① 参阅俞吾金《作为全面生产理论的马克思哲学》，《哲学研究》2003 年第 8 期。

② 《1844 年经济学哲学手稿》，人民出版社 2000 年版，第 58 页。

③ 《马克思恩格斯选集》（第 4 卷），人民出版社 1995 年版，第 384 页。

④ 《1844 年经济学哲学手稿》，人民出版社 2000 年版，第 58 页。

是什么呢？它显然异质于动物的种属尺度，即是说，该尺度是人所特有的。这个特有的尺度便是人的自成目的性，是“最蹩脚的建筑师从一开始就比最灵巧的蜜蜂高明的地方……他不仅使自然物发生形式变化，同时他还在自然物中实现自己的目的”[①]。因此，如果说遵循自然规律证明“我们比其他一切动物强”还只是体现在量的相对区别上的话（“动物只按照它所属的那个种”，“而人懂得按照任何一个种”），那么“目的行为”这一专属于人的尺度则表征出人与动物在质上的绝对差异，从而也就证明人是惟一能够承担改良生态环境的自由主体。当然这种自由“不在于幻想中摆脱自然规律而独立，而在于认识这些规律，从而能够有计划地使自然规律为一定的目的服务”[②]。进言之，马克思设想的理想社会，既非放弃对自然再生产的调控以退回到“天人合一”的原初状态，亦非如资本主义生产关系用利润尺度替代社会尺度，而是在顺应自然必然性基础上通过发挥人的自由能动性去管控人与自然之间的交互关系。第三、“因此，人也按照美的规律来构造”[③]。当人的劳动生产过程自觉地将两种尺度（“物质变换”和“目的行为”）结合起来的时候，即成为“人以自身的活动来中介、调整和控制人和自然之间的物质变换的过程”[④] 的时候，人就不受直接的肉体需要所羁绊，也不受盲目的物质贪欲所支配，而是依照美的规律，“靠消耗最小的力量，在最无愧于和最适合于他们的人类本性的条件下来进行这种物质变换”的生产[⑤]。所以，人不仅可以突破某种规定性生产出全面的自我，还能依照自己的意愿再生产整个自然界。

马克思不仅提出全面生产原则上拥有克服生态危机、实现人地和解的能力，而且具体阐述了全面生产在节约资源保全环境方面的实际功用。这突出体现在他极富创见性的循环型经济思想，今天绿色经济

① 《马克思恩格斯选集》（第 2 卷），人民出版社 1995 年版，第 178 页。
② 《马克思恩格斯选集》（第 3 卷），人民出版社 1995 年版，第 455 页。
③ 《1844 年经济学哲学手稿》，人民出版社 2000 年版，第 58 页。
④ 《马克思恩格斯选集》（第 2 卷），人民出版社 1995 年版，第 177 页。
⑤ 《资本论》（第 3 卷），人民出版社 2004 年版，第 928—929 页。

倡导的“4R”原则都能在他的著作中觅得踪迹：（1）“把生产排泄物减少到最低限度和把一切进入生产中去的原料和辅助材料的直接利用提到最高限度。”[①] 这对应的是绿色经济理念中所倡导的在生产源头实施减排节能的“减量化”（Reduce）原则；（2）“化学工业提供了废物利用的最显著的例子。它不仅找到新的方法来利用本工业的废料，而且还利用其他各种各样工业的废料”[②]。这对应的是经由科技进步节约废弃物的“再使用”（Reuse）原则；（3）“生产排泄物，即所谓的生产废料再转化为同一个产业部门或另一个产业部门的新的生产要素；这是这样一个过程，通过这个过程，这种所谓的排泄物就再回到生产从而消费（生产消费或个人消费）的循环中。”[③] 这对应的是通过将已完成使用功能的物品重新变为资源的“再循环”（Recycle）原则；（4）“机器的改良，使那些在原有形式上本来不能利用的物质，获得一种在新的生产中可以利用的形态”。[④] 这针对的是上述“3R”皆无法利用的物质所采取的“再回收”（Recovery）原则。

由此可见，这样的全面生产，不是为了生产而生产，不是为了交换价值而生产；而是为了满足人的需要而生产，是为了使用价值而生产。在高兹看来，这种生产完全异质于利润导向型的资本生产，是一种生态理性的生产。“生态理性旨在用这样一种最优的方式来满足人的物质需要：尽可能提供花费最少量的劳动、资本与资源就能生产出来的，并且具有最大使用价值以及最耐用的东西。”[⑤] 他将这种生产归结为一句口号“更少但更好”，以区别于资本生产所倡导的“越多越好”的经济理性。[⑥] 故此，塑造面向需要满足的全面生产是生态理

① 《资本论》（第3卷），人民出版社2004年版，第117页。

② 同上。

③ 同上书，第94页。

④ 同上书，第115页。

⑤ André Gorz. *Capitalism, Socialism, Ecology* [M]. London: Verso, 1994: 32.

⑥ 安德烈·高兹在《经济理性批判》中，将前资本主义社会到资本主义社会生产消费观念的转变概括为由“够了就行”到“越多越好”的演进过程。他指出，在前资本主义社会，人们的劳动行为主要是为了维持基本生活需要，因而遵循的是适可而止、知足常乐的文化信念；但随着资本主义的发展，人们的生产实践不再单纯为了生存，而是意欲获取市场交换的剩余价值，奉行效率核算原则的经济理性遂得以盛行。

性的充分彰显，是克服生态危机的可能路径，也是社会主义生态文明的目标指向。

人发挥主体能动性创设对象世界有着无可辩驳的自然必然性，全面的生产劳动作为联接人与自然的共生纽带，是“人以自身的活动来中介、调整和控制人和自然之间的物质变换的过程”①。它不是人对自然的单向改造，而是两者协同进化的过程。即是说，包含了“目的行为”和“物质变换”的双重逻辑，乃“属人的形式与自然质料的结合过程”②。这种生产在“处处都把内在的尺度运用于对象”以满足人的丰富需要之时，还“懂得按照任何一个种的尺度来进行生产”以维护生态平衡，进而“按照美的规律来构造”“再生产整个自然界”③。这与《中庸》里“能尽人之性，则能尽物之性；能尽物之性，则可以赞天地之化育”④ 的观点不谋而合。所以，即便是站在人的立场而非站在生态立场，也能合理地推出人类对保全环境资源的自觉。并且，由于创造一切社会公共财富（包括生态财富）的行为都被视作满足人类真实需要的过程，这便有效破解了经济发展抑或生态养护这样一个长期困扰人们的伪命题。

（二）人的自我实现和“自然界的真正复活”

以满足人的发展需要为旨趣的全面生产，同催生人的无尽贪欲为目标的资本生产之最大区别就在于，前者是一个“有计划地从事生产和分配的自觉的社会生产组织”⑤，而后者的“症结正是在于，对生产自始至终就不存在有意识的社会调节”⑥。资本生产只是在物种方面将人从其余动物中提升出来，作为社会人却沦为制度性欲望生产体系的构成要件——消费者。因此，唯有自觉运用两种尺度（任何

---

① 《马克思恩格斯选集》（第 2 卷），人民出版社 1995 年版，第 177 页。

② 韩立新：《马克思主义生态学与马克思的劳动过程理论》，郇庆治主编：《重建现代文明的根基——生态社会主义研究》，北京大学出版社 2010 年版，第 46 页。

③ 《1844 年经济学哲学手稿》，人民出版社 2000 年版，第 58 页。

④ （宋）朱熹：《四书章句集注》，中华书局 2011 年版，第 34 页。

⑤ 《马克思恩格斯选集》（第 4 卷），人民出版社 1995 年版，第 275 页。

⑥ 同上书，第 581 页。

物种的尺度，以及人的内在尺度）的全面生产，“才能在社会方面把人从其余的动物中提升出来”[①]。待这种完成了两次提升的生产劳动将人的创造天赋和本质力量发挥到极致的时候，也就“实现了人向自身、向社会的即合乎人性的人的复归”[②]。这一复归是从人的原始丰富性（以人的依赖关系为基础的第一阶段），经人的深刻片面性（以物的依赖性为基础的第二阶段），到人的自由个性（以人的全面发展为基础的第三阶段）的否定之否定的发展进程，是在“那种同已被认识的自然规律和谐一致的生活”[③] 中逐渐完成的。因此，“对共产主义者来说，好的生活是一个动态的过程而不是静止的画面：自我实现和不断丰富的需要的发展与满足”[④]。

不仅人没有先定的本质，人的美好生活在于自主创造和自我实现；而且自然界本身也并非十足完满，它亦是个有缺陷待塑造的可能形态。尤其是资本逻辑宰制下的异化劳动在很大程度上造成了“自然之死”，使得我们更有义务去承担再生产整个自然界的重任，将之内化为全面生产的目标。并且，人与自然是双向创造、协同进化的交互主体。人在创造美丽环境的同时，也在进行自我完美人格的形塑。在更高意义上说，人与自然的相互养育最终会呈现出人即自然、自然即人的交融情境。总而言之，面向人类发展需要的全面生产，是对现有资本文明宰制下生产目的的前提性批判，是人之自我价值的真正实现，因此也是作为人的无机身体的自然界的真正复活。而达致这一理想目标的现实进路，便始于我们践行以人为本绿色发展理念的社会主义生态文明。

---

① 《马克思恩格斯选集》（第 4 卷），人民出版社 1995 年版，第 275 页。

② 《1844 年经济学哲学手稿》，人民出版社 2000 年版，第 81 页。

③ 《马克思恩格斯选集》（第 3 卷），人民出版社 1995 年版，第 456 页。

④ ［美］戴维·佩珀：《生态社会主义：从深生态学到社会正义》，刘颖译，山东大学出版社 2012 年版，第 146 页。

余　论

一　资本市场的阶段合理性：经济发展与生态保护的张力平衡

自改革开放引进资本以来，我们真切感受到资本给国人的生活水平带来了翻天覆地的改善，但与之相伴的却是诸类生态问题的层出不穷。公众对“APEC 蓝”的期盼，对 PX 项目的敏感背后凸显的恰是当前中国社会发展的环保困局。这促使人们逐渐辨识到资本是个善恶俱存的矛盾体，它在同时导演着多幕人间悲喜剧：既创造了伟大的物质文明，又持续破坏着赖以存续的生产条件；既实现了人与自然的普遍交互关系，又催生出生态危机乃至人类生存危机的全面爆发。故此，虽说资本在当下仍发挥着较为强劲的文明化趋势，但不容置喙其野蛮化倾向已愈益明显，我们理应考虑该怎样“缩短和减轻分娩的痛苦”而不是束手就擒坐以待毙。历史辩证法早已昭示：“自我异化的扬弃同自我异化走的是一条道路”①。扬弃资本的进程亦是如此，不在远离社会生产生活的神秘彼岸，而就蕴含于它自身的运营场域之内。“人不能被社会经济的真空所代替，只能被现实是合理的、人性上值得称赞的再生产秩序所替代”②，超越资本的物质前提需要利用资本本身去达致。

① 《1844 年经济学哲学手稿》，人民出版社 2000 年版，第 78 页。

② ［英］I. 梅扎罗斯：《超越资本——关于一种过渡理论》（下），郑一明译，中国人民大学出版社 2003 年版，第 626 页。

尤其是今日实践着的中国特色社会主义，还未达到马克思当初指涉的成熟社会主义形态。尽管它在本质上否定资本主义，但由于同处“以物的依赖性为基础的”过渡阶段，其社会存在的条件构成尚未逾越资本逻辑统辖的“人类社会的史前时期”。加之，中国经济列车正遭遇“三期叠加”的共时性钳制和新常态挑战，故而仍需辩证解读资本市场的历史价值和阶段合理性，在发展（“金山银山”）和保护（“绿水青山”）之间保持张力平衡，借助经济结构转型升级开启可持续发展的“绿色引擎”。若是强行驱逐资本退场或过早宣判埋葬资本社会，漠视马克思关于“两个绝不会”的劝诫，便极有可能沦陷在“地域性共产主义”进退失据的文明断层中无法自拔。那时非但无力解决生态危机，甚至还会造成“贫穷、极端贫困的普遍化”，导致“全部陈腐污浊的东西又要死灰复燃”[①]。即是说，简单否弃资本市场只会使我们回退到普遍贫困的前现代，失去了物质基础的生态文明只能是空中楼阁[②]。所以，我们在探讨经济增长与环境污染之间关系问题时决不能再固守二元对立的线性思维，而应把解放生产力与保护生产条件有机结合，将资本逻辑框定在经济领域内并作为满足人类发展需要的手段，进而对社会与自然之间的新陈代谢形式予以质的重新定位，才能逐渐摆脱这个事关人类存亡的世界性危机，最终在资本文明辉煌的制高点实现人与自然、人与自身的双重解放。

二 “以人为本”驾驭“资本逻辑”：社会主义生态文明的旨趣

依循上述立场，扬弃资本消弭危机的历史进程，“绝不是人所创造的对象世界的消逝、舍弃和丧失，即绝不是人的采取对象形式的本质力量的消逝、舍弃和丧失，绝不是返回到非自然的、不发达的简单状态去的贫困。恰恰相反，它们倒是人的本质的或作为某种现实东西

① 《马克思恩格斯选集》（第1卷），人民出版社1995年版，第86页。

② 贫穷饥馑与环境破坏的密切关联在本书“第一章第二部分历史与现实的考察和反驳”中已有论述，兹不赘言。

的人的本质的现实的生成，对人来说的真正的实现”①。眼下深入贯彻以人为本绿色发展理念，努力建设百姓富、生态美的社会主义生态文明正是迈向真正人类史的“那种消灭现存状况的现实的运动”②。

以人为本的社会主义生态文明：首先，从人的立场出发，在处理人地关系时由对立性范式向交互式样态转变，从而完成对人类中心主义（实则是资本中心主义）和生态中心主义的双重超越，补齐全面建成小康社会的最大短板；其次，坚持以全体人尤其是社会弱势群体为本，人地冲突究其实质是人际关系交恶和利益分殊所致，开展环境正义运动是实现人与自然和解的必要前提；最后，落脚于人的需要满足，通过塑造面向人的需要而非服膺利润增殖的生产劳动，去积极践履人与自然和睦共荣的崇高目标。

故此，唯有驾驭资本逻辑、践行以人为本才能冲破资本制度的狭隘界域，达臻物我相善的目标旨趣。时下构建“‘生态文明’不应该、也不可能有‘姓资姓社’的区分，而只能是‘社会主义的’”③。“社会主义需要生态学，因为后者强调地方特色和交互性，而且它还赋予了自然内部以及社会与自然之间的物质交换以特别重要的地位。生态学需要社会主义，因为后者强调民主计划及人类相互间的社会交换的关键作用。”④ 质言之，就侧重生态学层面来讲，社会主义必定是生态社会主义。当然，随着“红”“绿”联姻进程的深入推展，生态共产主义这种表述便再无必要。因为它不仅具备生态维度，更已将其彻底现实化了：“这种共产主义，作为完成了的自然主义 = 人道主义，而作为完成了的人道主义 = 自然主义”⑤，它在实现人向自身复归的同时，也就完成了自然界的复活！

我们作为最大的新兴经济体和发展中国家，当务之急就是将生态

① 《1844 年经济学哲学手稿》，人民出版社 2000 年版，第 112—113 页。

② 《马克思恩格斯选集》（第 1 卷），人民出版社 1995 年版，第 87 页。

③ 郇庆治：《“社会主义生态文明”：一种更激进的绿色选择?》，郇庆治主编《重建现代文明的根基——生态社会主义研究》，北京大学出版社 2010 年版，第 260 页。

④ ［美］詹姆斯·奥康纳：《自然的理由——生态马克思主义研究》，唐正东、臧佩洪译，南京大学出版社 2003 年版，第 434—435 页。

⑤ 《1844 年经济学哲学手稿》，人民出版社 2000 年版，第 81 页。

危机的根源与消解放在马克思主义资本批判理论和中国社会发展现实境遇中去考察如何调控资本市场的运作机制和效用逻辑，摆脱对西方国家经济发展和环境治理的路径依赖，创新包容性绿色转型道路，为“加快形成人与自然和谐发展的现代化建设新格局，开创社会主义生态文明新时代”① 提供理论参考和实践指导：（1）辨识生态问题与社会制度的深层关联，认清资本主义发展新特征及全球生态危机实质；（2）解析中国环境困局的特殊成因与问题症结，推动低碳环保、亲和自然的发展方式转型；（3）厘定资本积累方式与生态问题扩散的内在勾连，思考如何应对资本逻辑的权力架构及其生态悖论；（4）探寻生态文明与市场经济的契合进路，深度阐释“金山银山”和“绿水青山”的辩证关系；（5）深化资本拜物教和生态文明基础理论研究，比照借鉴欧美国家环境管治的先进理念和问题挑战。简言之，唯有基于当前中国社会制度语境与经济新常态背景，探思马克思主义生态理论的中国化路径，才能健全政府管控、企业自律、舆论监督和公众协理由的多元共治体系，实现中国特色（本土实践）、社会主义（制度公正）与生态文明（永续发展）的有机结合。

三　绿色发展理念的价值意蕴及其实践逻辑

继党的十八大将生态文明建设纳入“五位一体”总布局后，十八届五中全会又把绿色发展确立为“十三五”规划建议的五大发展理念之一，进一步回答了中国特色社会主义生态文明何以可能又如何实现的重大时代命题。绿色发展作为马克思主义生态理论同我国经济社会发展实际相结合的创新理念，是党中央着眼于国家和民族发展长远大计提出的战略抉择，体现了对马克思主义发展观和唯物辩证法的理论深化和实践创新。探究绿色发展理念的价值意蕴及其实践逻辑，对开辟环境改善与经济发展的共赢路径意义重大。

---

① 《中共中央国务院关于加快推进生态文明建设的意见》，人民日报2015年5月6日(1)。

（一）厘清核心内涵，绿色发展理念的价值建构

绿色发展理念源于党和政府对生态风险困局根源、全民环保意识觉醒以及社会发展转型需求的科学把握，是对何谓绿色发展、怎样实现绿色发展的规律性认识和系统性观念。它有别于绿色经济、低碳技术只从某个层面探讨生态治理问题，旨在全面重构经济、自然和社会系统的交互机制，是对传统发展方式的整体性反思与战略性调整。因此，整合相关理论资源，厘清思想演进历程，特别是立足马克思主义生态理论视角去考察生态经济学、生态后现代主义和环境政治运动的最新进展，有助于解析绿色发展理念提出的现实动因，认清我国社会发展阶段特征和世界生态文明建设趋势。

思想脉络的红绿交融。爬梳绿色发展理念的思想脉络不难发现，（1）以生态中心主义为主力的“深绿”思潮反思技术冒进与经济开发，强调根本转变个体价值观念，主张自然内在价值和生命共同体思想，呈现出动物解放/权利论→生命平等主义（施韦泽、泰勒）→生态整体主义（利奥波德、罗尔斯顿、奈斯）的进路，吁求将伦理关怀推己及物以消解人地冲突。（2）以绿色资本主义为代表的“浅绿”运动包括生态现代化、环境公民权和环境全球管治等流派，侧重渐进改良经济技术手段，试图在资本主义制度架构下以市场机制、技术革新和明智政策为核心举措，促使经济增长与环境退化脱钩（Martin Jänicke）；并强调环境公民的权责（安德鲁·多布森），创建跨区域乃至全球性的生态治理体系（Frank Biermann）。（3）以马克思主义生态理论为首的“红绿”阵营则希冀变革社会政经制度完成环境修复，认定生态问题源于控制自然的意识形态（威廉·莱斯），根在资本主义政治经济制度（James Jackson）。资本主义生产力与生产关系、生产方式与生产条件之间的双重矛盾（詹姆斯·奥康纳）以及谋求利润无限增殖的资本逻辑（岩佐茂）导致物质代谢断裂（J. B. 福斯特），阐发生态社会主义的制度正义（戴维·佩珀）和绿色未来有赖全球治理（Derek Wall），自此开启了历史唯物主义的生态视阈和对资本主义反生态性的严厉批评。

在众多绿色发展话语中，“浅绿”因积极调动市场主体的发展战略最具可操作性和普适性；“深绿”因身体力行倡导环境友善在思想力度和社会基础方面则更占优势；而“红绿”阵营将生态治理同资本逻辑批判、环境正义议题与社会制度改造联系起来，较之于主张自然内在价值的“深绿”思潮和创新经济技术政策的“浅绿”运动虽充满挑战却更具洞察力①，他们关于生态问题的成因探源、生产方式的生态批判以及制度变革的消弭路径为化解人地冲突提供了深邃的理论视角与崭新的实践路向。故此，比照融通“浅绿”、“深绿”和“红绿”流派就绿色发展的问题反思、价值关怀与驱动机制的契合点，肯认生态（绿色）与经济（发展）的内生性关系，诠释“绿水青山就是金山银山”、“改善生态环境就是发展生产力”等论断的哲学意蕴和辩证逻辑，才能有效回应西方环境伦理学和新古典主义经济学对二者关系的误读。绿色发展作为引领中国长远发展的执政理念与战略谋划，应积极把握理念主旨和包容互鉴、观念转向和制度规约、地方语境和全球视野的辩证逻辑，完成发展理念“由浅入深”到“红绿交融”的擢升。

价值体系的建构进路。作为古今融合、东西交汇的崭新理念，绿色发展的丰富意涵分散在不同学派话语中，将其置入统一的理论框架梳理凝练，是生成价值体系的前提。因此，建构融入绿色发展理念的经济、政治、文化、社会和生态文明五位一体的价值体系，应糅合马克思主义自然辩证法、中国传统生态智慧以及可持续发展理论②；并审视我国各地区在优化生态空间格局、推动经济绿色转型、倡导低碳生活方式等方面的政策举措，通过指认其包含低碳循环的经济观、生态安全的政治观、以人为本的文化观、公平普惠的社会观与和谐共生

① 郇庆治：《21 世纪以来的西方绿色左翼政治理论》，《马克思主义与现实》2011 年第 3 期。

② 刘福森、叶平、卢风和包庆德教授近年愈发重视传统文化的生态滋养与环境伦理制度规范；张云飞、黄志斌、赵建军和张治忠教授注重从马克思主义哲学中找寻绿色发展的路径；菲利普·克莱顿等人则从“有机马克思主义”理论视域，尝试通过融合马克思主义、中国传统智慧和过程哲学思想提出了走向社会主义生态文明的发展道路。

的生态观，明确绿色发展的主体依托、系统特性和核心诉求，进而找寻绿色发展的动力注入（经济持续性增长）、质量维系（生态有序性保护）与公平实现（社会包容性发展）的耦合路径，达致经济、社会和生态效益的整体优化。

（二）补齐环保短板，绿色发展理念的机遇挑战

随着新《环境保护法》、《关于加快推进生态文明建设的意见》、《生态文明体制改革总体方案》出台实施和“十三五”规划纲要的审议批准，绿色发展迎来加速推进的时代契机。但毋庸置疑，我国生态文明建设现状与绿色发展理念的价值旨趣仍存较大差距：经济社会快速发展与资源环境承载能力不足的矛盾、民众渴求良好环境与优质生态产品稀缺的矛盾尚未解决，产业结构偏重、人均环境容量小、单位国土面积污染负荷高的国情没有改变。与此同时，欲求无限的人性迷失、增殖至上的资本逻辑以及不甚完善的环保制度体系亦构成了绿色发展的现实障碍①，亟须正视问题挑战、补齐环保短板。

生态建设的体制障碍。主要包括制度供给落后、路径依赖严重、长效机制缺失、部门职能重叠、和技术支撑不足等方面。在绿色发展理念融入全方位社会转型实践中，如何优化政绩考核制度、划清央地事权范围、创新市场激励办法以及畅通公众参与渠道，是当下需要破解的关键问题。而践履生态文明体制“1 + N”方案，将绿色发展理念落实到各地区各部门的经济社会发展规划、土地利用规划、城乡建设规划和其他各专项规划中，对生产空间、生活空间与生态空间予以科学布局和有序开发，形成特色鲜明、配置合理的功能分区，则需提升生态环境治理的整体效能和协同水平。

资本逻辑的生态悖论。虽说在推进绿色发展的制度设计中，培育环境污染治理市场主体、鼓励更多社会资本参与生态建设的政策导向

---

① 参阅曹孟勤、何裕华《追问生态危机的实质》，《河北大学学报》（哲学社会科学版）2004 年第 4 期；陈学明：《谁是罪魁祸首——追寻生态危机的根源》，人民出版社 2012 年版，第 20 页；秦书生、晋晓晓：《生态文明理念融入政治建设的路径探析》，《环境保护》2016 年第 1 期。

愈发清晰，但环境产品的公共性和外部性决定了政府职责的不可或缺，在资本文明架构内寻求生态修复仅是治标举措。资本市场调节、绿色技术创新以及产业结构升级固然有其必要性，如运用价格、税收、信贷等多种经济杠杆将环境资源配置到最有效的环节，绿色金融、绿色产业、生态旅游、生态扶贫等均需要更好地发挥资本市场的决定性作用，既推动了环保事业的快速发展，又拓展了新的经济增长空间。但生态财富亦同资本拜物教盛行流失有着密切关联，利润挂帅的技术理性、区域发展的环境分异和物欲至上的消费观念便是其突出表征，绿色青山的隐性收益与环境污染的隐性成本无法完全显性化。揭示资本逻辑时空拓殖的生态限度以及传统治理模式的理念错位，思考怎样借助生态理性和制度革新来规约资本逻辑的运作场域，是应对资本逻辑生态悖论的必要前提。因此，在充分发挥市场机制促进生态保护的同时，进一步完善符合地方实际的环保法规体系，实行最严格的环境监管和执法制度，推动环保督查向“督企”和“督政”并重转变，对产权边界模糊或交易机制不清晰而难以界定的自然资源，由自然资源资产管理部门作为单一所有者统筹管理，决不允许转嫁污染成本和环境危害。简言之，既要综合创新经济政策与市场导向，形塑生态治理的利益诉求和激励功能；也需更好发挥政府的调控作用与制度的约束机制，避免公地悲剧和邻避事件的发生。

推进绿色发展的政策红利及历史机遇。全国生态环境管理制度综合改革试点省份接踵修颁生态文明建设规划、生态红线区域保护规划：按照“四个全面”战略布局，全面落实环保“党政同责”和“一岗双责”，并将区域发展战略规划环评、排污许可证及网格化一体化监管等制度深度融合，生态文明地位日益凸显；产业结构调整稳步推进，近零碳排放区示范工程已然启动，政策供给与商业模式的创新，催生出规模可观的节能环保新兴产业（十万亿的 PPP 项目正陆续上马），经济绿色转型进展顺利；三大污染治理成效显著，能源、土地、水资源等总量和强度“双控行动”扎实开展，统一区域领域监测监管、基层综合执法、生态环境损害赔偿制度等逐项试行，区域环境质量总体向好；民众高度关切环保事业，国家低碳城镇试点工作赢得群众支持，特色小镇、生态农业、绿色技术等吸引了大量民间资本和社会关注，社会治理格局初具雏形。

（三）协同三大举措，绿色发展理念的实现机制

创建天蓝地绿水清的美丽中国，树立绿色发展的地方样本和宜居典范，彰显生态文明建设的本土特色、制度自信与后发优势，须从制度顶层设计、生态文化培育和协同治理创新三个层面全面推进，促成相关环境政策法规的贯彻落实。

制度构建是践履绿色发展理念的强力保障，涵盖从决策监管、审计督查到考评问责的系统工程。健全生态文明制度体系是把绿色发展科学理念落实到决策行动的关键步骤，在查补制度漏洞、加强制度衔接和提升制度实效过程中需坚持正义原则，守住生态和发展两条底线。然而，各项生态制度因权责归属、法理依据和适用领域的差异并非天然自洽，如何在编制自然资源资产负债表、创新省市空间规划编制办法、推行排污权和碳排放权交易制度、健全省以下环保机构监测监察执法垂直管理、建立环境损害责任终身追究制度，尤其是在对自然生态空间进行统一确权登记过程中真实反映资源市场供求、自然环境价值与区际代际公平，妥善处理经济正义、生态正义和社会正义的张力平衡，充分发挥市场在资源配置中的决定性作用和更好发挥政府的宏观调控作用，事关绿色发展的平衡性、包容性与永续性。因此，在全面依法治国的新形势下，抓紧修订完善环境保护、清洁生产和生态建设等方面的法律法规，加强对绿色发展决策部署及相关法律法规实施情况的监督执纪，依法惩治破坏生态的犯罪行为，建立“使用资源有偿、损害环境赔偿、修复生态补偿”的“三偿机制”，筑牢绿色发展的法治屏障。

文化培育是形塑绿色发展理念共识和行动自觉的内生动力，涉及生产行为、消费习惯、政绩观念、生活态度乃至思维方式的根本转变。实现绿水青山的关键在于弘扬具有时代特征、地方特色与人本精神的生态文化，将山水林湖田视为生命共同体，推动环境宣传教育由注重环保知识普及向培树生态信仰转变。故此，厚植生态文明主流价

值观，加快生态文化载体建设，能有效纠正生态主义“去人化”和资本逻辑“无视人”的错误倾向。开拓乡村旅游产业、推广节能节水产品、发展城市绿色交通、促进垃圾分类处理，培育民众对生态旅游、节能环保、绿色出行等理念的认同度与执行力，努力形成勤俭节约的社会风尚；与此同时，广泛开展生态教育以提高公众环保意识和环境非政府组织（ENGO）的专业素养，包括使群众对垃圾焚烧发电厂、PX 和涉核项目等选址建设有科学理性的认知，从根本上消除邻避困境。文化宣传和制度规约相辅相成，将为践履绿色发展提供思想引领及行动遵循，使每个人都成为环境保护的参与者、建设者和监督者，激发环保需求侧市场，推动全社会开创崇尚生态文明新局面。

健全生态治理体系是绿色发展理念走向实操的核心任务，包括治理对象、治理主体、治理政策与治理目标。无论是治理对象的交叉覆盖、主体权责的分工联动，还是政策工具的组合配套、目标规划的统筹评估，都应树立协同共治的整体思维，由行政主导为主向多元共治转变。从协同治理视域探索多元主体共担共治共享的治理结构，突破“九龙治水”和治理架构碎片化的瓶颈制约，“组织、鼓励和引导社会组织、志愿者和广大群众积极参与绿色发展的公益活动和全民行动计划”①，才有望消解现行环保体制存在的四大突出问题，即“一是难以落实对地方政府及其相关部门的监督责任，二是难以解决地方保护主义对环境监测监察执法的干预，三是难以适应统筹解决跨区域、跨流域环境问题的新要求，四是难以规范和加强地方环保机构队伍建设”②。故此，协调好环保部门监管与属地政府责任、市场主体培育、公众参与治理的关系，完善“行政 + 市场、责任 + 激励”的协同治理机制并转化为有效的公共政策，重点开展统一高效的京津冀空气治理协调机制研究；构筑长江流域水污染防治协商制度体系；建设区域协同、权责明确、信息共享的环境检测网络与大数据平台均有助于将

① 周世敏：《树立绿色发展理念落实绿色发展举措》，《光明日报》2015—12—26（07）。

② 习近平：《关于〈中共中央关于制定国民经济和社会发展第十三个五年规划的建议〉的说明》，《人民日报》2015—11—04（02）。

绿色发展引向深入。

（四）共享生态福利，绿色发展理念的目标愿景

促进人的自由全面发展是马克思主义发展观的落脚点。绿色发展理念作为全面建成小康社会的价值引领，不单是关注经济的转型升级（增殖环境资产），也不仅为了自然的繁衍生息（创造绿色财富），更应着眼于民众生活质量的持续改善（共享生态福利），实现生态盈余与民生福祉的和谐统一。通过论证渐进调适和结构变革、市场激励与政府管控、顶层设计与基层实践的辩证关系，明晰发展依靠谁、发展为了谁，是达臻人与自然共生共荣的前提。而探索建立科学民主、可感可知的绿色发展量化评估和指标考核体系，增加经济社会发展中生态指标的权重，制定既体现各地环境功能区划要求又与公众切身感受相匹配的考评机制，才能让全体人民在生态文明的共建共享中有更多获得感。我国正在探索建立绿色发展量化评估体系，并通过设置“两个减分项”和“一个加分项”把资源消耗、环境损害、生态效益全面纳入经济社会发展评价体系。但现行评价指标在数据采集、框架设计与权重分配等方面仍有不足之处，如缺乏动态跟踪、可操作性不强、与民众感受不匹配等。针对各省市实际，制定既体现绿色发展本质诉求又符合地方生态建设规划的综合性、差异化评价指标体系，以更加人性化和具象化的环境质量描述方式开展环保科普，增进民众信任（山东环保发明的“蓝繁”指标值得借鉴学习）；并对限制开发区域和生态敏感区探索取消 GDP 考核，健全生态文明绩效评价和问责机制，是亟待解决的问题。

当然，一个全方位、系统性的绿色变革还需将绿色发展同其他四大发展理念相互贯通、形成合力，探索五大发展理念的整体关联和协同路径。如 2016 年政府工作报告首次提及要大力发展普惠金融和绿色金融，就是运用绿色信贷、保险、债券等金融工具提振绿色发展，为加快环境修复、应对气候变化、定价环境产品以及高效利用资源持续助力，这种绿色金融体系的构建正是而今实施“生态 +”发展战略的缩影。应用新思维谋划生态与产业、民生、科技的融合发展，把

生态优势创造性转化为发展优势，统筹推进生态文明建设，将是绿色发展的着力方向。

2016 是“十三五”规划开局之年，也是生态文明建设加速推进的关键年。我们应抓住中央环保督察执法、环境监测监察垂直管理制度改革、生态文明试验区创建、用能权有偿使用和交易制度试点等相继出台的契机，将绿色发展理念转化为政策实施、规划评估与治理路向的价值规范，通过革新生态文明制度和绿色 GDP 核算体系厘清政府、企业与公众的权责，理顺经济发展、环境保护同社会正义的关系，进而催生全民共治的思想自觉和行动共识，为消解资本市场逆生态性、构建中国特色生态文明提供现实参照。我们有理由相信，融入“绿色谱系”的社会主义将由此取得重大进展和积极成效，绿色发展理念的贯彻落实不仅能实现环境质量总体改善的美丽中国梦，亦可为保障全球生态安全做出应有贡献和示范引领。

参考文献

一　著作类

［1］《马克思恩格斯全集》第 1 卷，人民出版社 1956 年版。
［2］《马克思恩格斯全集》第 7 卷，人民出版社 1959 年版。
［3］《马克思恩格斯全集》第 26 卷上，人民出版社 1972 年版。
［4］《马克思恩格斯全集》第 26 卷中，人民出版社 1973 年版。
［5］《马克思恩格斯全集》第 30 卷，人民出版社 1995 年版。
［6］《马克思恩格斯全集》第 31 卷，人民出版社 1998 年版。
［7］《马克思恩格斯全集》第 46 卷上，人民出版社 1979 年版。
［8］《马克思恩格斯全集》第 46 卷下，人民出版社 1980 年版。
［9］《马克思恩格斯全集》第 48 卷，人民出版社 1985 年版。
［10］《马克思恩格斯全集》第 49 卷，人民出版社 1982 年版。
［11］《马克思恩格斯选集》（第 1—4 卷），人民出版社 1995 年版。
［12］《1844 年经济学哲学手稿》，人民出版社 2000 年版。
［13］《资本论》（第 1—3 卷），人民出版社 2004 年版。
［14］陈学明：《谁是罪魁祸首：追寻生态危机的根源》，人民出版社 2012 年版。
［15］韩立新：《环境价值论》，云南人民出版社 2005 年版。
［16］康瑞华等：《批判构建启思：福斯特生态马克思主义思想研究》，中国社会科学出版社 2011 年版。
［17］郇庆治主编：《重建现代文明的根基——生态社会主义研究》，

北京大学出版社2010年版。

[18] 郇庆治、高兴武、仲亚东：《绿色发展与生态文明建设》，湖南人民出版社2013年版。

[19] 胡鞍钢、鄢一龙等：《中国新理念：五大发展》，浙江人民出版社2016年版。

[20] 胡鞍钢：《中国：创新绿色发展》，中国人民大学出版社2012年版。

[21] 张云飞：《唯物史观视野中的生态文明》，中国人民大学出版社2014年版。

[22] 王雨辰：《生态批判与绿色乌托邦——生态马克思主义理论研究》，人民出版社2009年版。

[23] 复旦大学当代国外马克思主义研究中心编：《当代国外马克思主义评论（9）》，人民出版社2011年版。

[24] 雷毅：《深层生态学：阐释与整合》，上海交通大学出版社2012年版。

[25] 刘仁胜：《生态马克思主义概论》，中央编译出版社2007年版。

[26] 徐艳梅：《生态马克思主义研究》，社会科学文献出版社2007年版。

[27] 郭剑仁：《生态地批判——福斯特的生态马克思主义思想研究》，人民出版社2008年版。

[28] 曾文婷：《“生态马克思主义”研究》，重庆出版社2008年版。

[29] 倪瑞华：《英国生态马克思主义研究，人民出版社2011年版。

[30] 时青昊：《20世纪90年代后的生态社会主义》，上海人民出版社2009年版。

[31] 姚燕：《生态马克思主义和历史唯物主义——对九十年代以来生态马克思主义的思考》，光明日报出版社2010年版。

[32] 余维海：《生态危机的困境与消解——当代马克思主义生态学表达》，中国社会科学出版社2012年版。

[33] 赵卯生：《生态马克思主义主旨研究》，中国政法大学出版社2011年版。

[34] 张一兵主编：《资本主义理解史（第5—6卷）》，江苏人民出版社2009年版。
[35] 张一兵主编：《马克思哲学的历史原像》，人民出版社2009年版。
[36] 张一兵：《回到马克思——经济学语境中的哲学话语》，江苏人民出版社2003年版。
[37] 鲁品越：《资本逻辑与当代现实——经济发展观的哲学沉思》，上海财经大学出版社2006年版。
[38] 白刚：《瓦解资本的逻辑：马克思辩证法的批判本质》，中国社会科学出版社2009年版。
[39] 沈斐：《资本的内在否定性探究》，人民出版社2011年版。
[40] 郗戈：《从哲学革命到资本批判——马克思历史唯物主义基本范畴的当代阐释》，世界图书出版公司2012年版。
[41] 俞可平主编：《全球化时代的"马克思主义"》，中央编译出版社1998年版。
[42] 李惠斌、薛晓源、王治河主编：《生态文明与马克思主义》，中央编译出版社2008年版。
[43] 赵建军、王治河主编：《全球视野中的绿色发展与创新——中国未来可持续发展模式探寻》，人民出版社2013年版。
[44] 郝栋：《绿色发展的思想轨迹——从浅绿色到深绿色》，北京科学技术出版社2013年版。
[45] 薛晓源、李惠斌主编：《生态文明研究前沿报告》，华东师范大学出版社2007年版。
[46] 解保军：《马克思自然观的生态哲学意蕴："红"与"绿"结合的理论先声》，黑龙江人民出版社2002年版。
[47] 邵腾：《资本的历史极限与社会主义——回归马克思的理论基础上的整合研究》，上海大学出版社2007年版。
[48] 孙道进：《马克思主义环境哲学研究》，人民出版社2008年版。
[49] 杨通进、高予远编：《现代文明的生态转向》，重庆出版社2007年版。

[50] 余谋昌:《生态哲学》,陕西人民教育出版社 2000 年版。
[51] 夏林:《穿越资本的历史时空——基于唯物史观的现代性批判》,社会科学出版社 2008 年版。
[52] 任平:《创新时代的哲学探索:出场学视域中的马克思主义哲学》,北京师范大学出版社 2009 年版。
[53] 方世南:《马克思环境思想与环境友好型社会研究》,上海三联书店 2014 年版。
[54] 卢风:《非物质经济、文化与生态文明》,中国社会科学出版社 2016 年版。
[55] 曹孟勤、卢风编:《中国环境哲学 20 年》,南京师范大学出版社 2012 年版。
[56] [美] 约·贝·福斯特:《生态革命——与地球和平共处》,刘仁胜译,人民出版社 2015 年版。
[57] [美] 约翰·贝拉米·福斯特:《生态危机与资本主义》,耿建新、宋兴无译,上海译文出版社 2006 年版。
[58] [美] 约翰·贝拉米·福斯特:《马克思的生态学——唯物主义与自然》,刘仁胜、肖峰译,高等教育出版社 2006 年版。
[59] [美] 詹姆斯·奥康纳:《自然的理由——生态马克思主义研究》,唐正东、臧佩洪译,南京大学出版社 2003 年版。
[60] [美] 戴维·佩珀:《生态社会主义:从深生态学到社会正义》,刘颖译,山东大学出版社 2012 年版。
[61] [英] 乔纳森·休斯:《生态与历史唯物主义》,张晓琼、侯晓滨译,江苏人民出版社 2011 年版。
[62] [加] 本·阿格尔:《西方马克思主义概论》,慎之等译,中国人民大学出版社 1991 年版。
[63] [加] 威廉·莱斯:《自然的控制》,岳长岭、李建华译,重庆出版社 2007 年版。
[64] [日] 岩佐茂:《环境的思想——环境保护与马克思主义的结合处》,韩立新、张桂权、刘荣华译,中央编译出版社 2006 年版。

[65] [美] 理查德·罗宾斯:《资本主义文化与全球问题》(第四版),姚伟译,中国人民大学出版社 2013 年版。
[66] [美] 丹尼尔·A. 科尔曼:《生态政治——建设一个绿色社会》,梅俊杰译,上海译文出版社 2002 年版。
[67] [英] 卡尔·波兰尼:《大转型:我们时代的政治与经济起源》,冯钢、刘阳译,浙江人民出版社 2007 年版。
[68] [美] 默里·布克钦:《自由生态学:等级制的出现与消解》,郇庆治译,山东大学出版社 2008 年版。
[69] [美] 丹尼尔·贝尔:《资本主义文化矛盾》,赵一凡、蒲隆、任晓晋译,三联书店 1989 年版。
[70] [美] 巴里·康芒纳:《封闭的循环——自然、人和技术》,侯文蕙译,吉林人民出版社 1997 年版。
[71] [英] I. 梅扎罗斯:《超越资本——关于一种过渡理论》(上下),郑一明等译,中国人民大学出版社 2003 年版。
[72] [英] 大卫·哈维:《新帝国主义》,初立忠、沈晓雷译,社会科学文献出版社 2009 年版。
[73] [英] 大卫·哈维:《希望的空间》,胡大平译,南京大学出版社 2006 年版。
[74] [美] 德内拉·梅多斯、乔根·兰德斯、丹尼斯·梅多斯:《增长的极限》,李涛、王智勇译,机械工业出版社 2006 年版。
[75] [法] 米歇尔·于松:《资本主义十讲》,潘革平译,社会科学出版社 2013 年版。
[76] [美] 赫伯特·马尔库塞:《单向度的人——发达工业社会意识形态研究》,刘继译,上海译文出版社 2008 年版。
[77] [法] 让·鲍德里亚:《消费社会》,刘成富、全志刚译,南京大学出版社 2000 年版。
[78] [英] 托马斯·马尔萨斯:《人口原理》,陈小白译,华夏出版社 2012 年版。
[79] [英] 亚当·斯密:《国民财富的性质和原因的研究》(上卷),郭大力等译,商务印书馆 1972 年版。

[80]［美］奥尔多·利奥波德：《沙乡的沉思》，侯文蕙译，新世界出版社2010年版。
[81]［美］霍尔姆斯·罗尔斯顿：《哲学走向荒野》，刘耳、叶平译，吉林人民出版社2000年版。
[82]［美］蕾切尔·卡逊：《寂静的春天》，吕瑞兰、李长生译，吉林人民出版社1997年版。
[83]［英］彼得·辛格：《动物解放》，孟祥森、钱永祥译，光明日报出版社1997年版。
[84]［美］艾伦·杜宁：《多少算够——消费社会与地球的未来》，毕聿译，吉林人民出版社1997年版。
[85]［美］亨利·梭罗：《瓦尔登湖》，徐迟译，吉林人民出版社1997年版。
[86]［美］赫尔曼·E. 戴利：《超越增长——可持续发展的经济学》，诸大建等译，上海译文出版社2006年版。
[87]［英］埃里克·诺伊迈耶：《强与弱——两种对立的可持续性范式》，王寅通译，上海译文出版社2006年版。
[88]［美］戴斯·贾丁斯：《环境伦理学——环境哲学导论》，林官明、杨爱民译，北京大学出版社2002年版。
[89]［英］安东尼·吉登斯：《现代性的后果》，田禾译，译林出版社2011年版。
[90]［德］A. 施密特：《马克思的自然概念》，欧力同、吴仲昉译，商务印书馆1988年版。
[91]［德］乌尔里希·贝克：《风险社会》，何博闻译，译林出版社2004年版。
[92]［加］迈克尔·A. 莱博维奇：《超越资本论——马克思的工人阶级政治经济学》，崔秀红译，经济科学出版社2007年版。
[93]［加］埃伦·M. 伍德：《资本的帝国》，王恒杰、宋兴无译，上海译文出版社2006年版。
[94]［印］萨拉·萨卡：《生态社会主义还是生态资本主义》，张淑兰译，山东大学出版社2008年版。

[95]［俄］A. И. 科斯京：《生态政治学与全球学》，胡谷明、徐邦俊等译，武汉大学出版社 2008 年版。
[96]［法］托马斯·皮凯蒂：《21 世纪资本论》，巴曙松等译，中信出版社 2014 年版。
[97]［美］菲利浦·克莱顿、贾斯廷·海因：《有机马克思主义——生态灾难与资本主义的替代选择》，孟献丽等译，人民出版社 2015 年版。
[98]［澳］John Passmore. *Man's Responsbility for Nature* [M]. London: Duckworth, 1980.
[99]［法］André Gorz. *Ecology as Politics* [M]. Bosten: South End Press, 1980.
[100]［英］Ted Bention. *The Greening of Marxism* [M]. New York: The Guilford Press, 1996.
[101]［美］Joel Kovel. *The Enemy of Nature: The End of Capitalism or the End of the World?* [M]. London & New York: Zed Books Ltd, 2007.

二 论文类

[1] 陈学明：《论奥康纳对马克思主义与生态理论内在联系的揭示》，《马克思主义与现实》2011 年第 3 期。
[2] 陈学明、罗骞：《科学发展观与人类存在方式的改变》，《中国社会科学》2008 年第 5 期。
[3] 陶火生：《资本中心主义批判与生态正义》，《福州大学学报》（哲学社会科学版）2011 年第 6 期。
[4] 刘会强、杨廷强：《资本中心批判与环境危机化解之道》，《社会科学战线》2011 年第 6 期。
[5] 王雨辰：《制度批判、技术批判、消费批判与生态政治哲学——论西方生态马克思主义的核心论题》，《国外社会科学》2007 年第 2 期。

[6] 王雨辰：《生态马克思主义研究的中国视阈》，《马克思主义与现实》2011 年第 5 期。

[7] 王雨辰：《反对资本主义的生态学——评西方生态马克思主义对资本主义社会的生态批判》，《国外社会科学》2008 年第 1 期。

[8] 郇庆治：《“碳政治”的生态帝国主义逻辑批判及其超越》，《中国社会科学》2016 年第 3 期。

[9] 郇庆治：《21 世纪以来的西方生态资本主义理论》，《马克思主义与现实》2013 年第 2 期。

[10] 郇庆治：《生态马克思主义与生态文明制度创新》，《南京工业大学学报》（社会科学版）2016 年第 1 期。

[11] 宋宪萍、孙茂竹：《资本逻辑视阈中的全球性空间生产研究》，《马克思主义研究》2012 年第 6 期。

[12] 白刚：《资本现象学——论历史唯物主义的本质问题》，《哲学研究》2010 年第 4 期。

[13] 仰海峰：《全球化与资本的空间布展》，《北京大学学报》（哲学社会科学版）2005 年第 4 期。

[14] 薛桂波：《从“现实的人”到“以人为本”——从马克思的自然观解析“以人为本”的生态维度》，《齐鲁学刊》2011 年第 4 期。

[15] 郗戈：《资本逻辑的当代批判与反思——〈资本论〉哲学研究的关键课题》，《南京社会科学》2013 年第 6 期。

[16] 郗戈：《资本逻辑、全面异化与人的发展悖论》，《武汉科技大学学报》（社会科学版）2011 年第 4 期。

[17] 崔新建：《生态与发展的人学思考》，《北京林业大学学报》（社会科学版）2004 年第 1 期。

[18] 丰子义：《全球化与资本的双重逻辑》，《北京大学学报》（哲学社会科学版）2009 年第 3 期。

[19] 丰子义：《生态文明的人学思考》，《山东社会科学》2010 年第 7 期。

[20] 杨耕：《形而上学批判、意识形态批判和资本批判的统一——我

的马克思主义哲学观》，《社会科学战线》2011 年第 9 期。
[21] 李德顺：《从“人类中心”到“环境价值”——兼谈一种价值思维的角度和方法》，《哲学研究》1998 年第 2 期。
[22] 黄瑞祺、黄之栋：《唯物论下的关系构造：马克思思想的生态轨迹之二》，《鄱阳湖学刊》2009 年第 2 期。
[23] 曹孟勤、何裕华：《追问生态危机的实质》，《河北大学学报》（哲学社会科学版）2004 年第 4 期。
[24] 秦书生、晋晓晓：《生态文明理念融入政治建设的路径探析》，《环境保护》2016 年第 1 期。
[25] 李春火：《大卫·哈维空间视域的资本批判理论》，《学术界》2010 年第 12 期。
[26] 李春火：《马克思对资本本质的理解》，《马克思主义哲学研究》2008 年第 0 期。
[27] 俞吾金：《资本诠释学——马克思考察、批判现代社会的独特路径》，《哲学研究》2007 年第 1 期。
[28] 俞吾金：《论财富问题在马克思哲学中的地位和作用》，《哲学研究》2011 年第 2 期。
[29] 何怀远：《“生产主义批判”的历史和逻辑》，《哲学动态》2006 年第 1 期。
[30] 刘凤玲：《人类面对生态危机的出路——高兹的生态重建理论》，《当代世界社会主义问题》2001 年第 3 期。
[31] 晏辉：《资本的运行逻辑与消费主义》，《中国人民大学学报》2005 年第 6 期。
[32] 李振：《破除“资本与财富”的文明联姻——从马克思解构《国富论》的财富逻辑开始》，《马克思主义研究》2010 年第 8 期。
[33] 王峰明：《资本的囚徒困境与资本主义的终结》，《马克思主义与现实》2010 年第 3 期。
[34] 王峰明：《“一个活生生的矛盾”——马克思论资本的文明面及其悖论》，《天津社会科学》2010 年第 6 期。
[35] 郭剑仁：《探寻生态危机的社会根源——美国生态马克思主义及

其内部争论析评》,《马克思主义研究》2007 年第 10 期。
[36] 杨英姿:《资本逻辑的生态批判》,《求索》2012 年第 5 期。
[37] 黄娟、汪宗田、邓新星:《中国特色社会主义:应对两大危机的希望——生态马克思主义双重危机论及其启示》,《北京航空航天大学学报》(社会科学版)2012 年第 2 期。
[38] 刘荣军:《马克思财富思想的哲学意蕴与现实意义》,《哲学研究》2008 年第 5 期。
[39] 苏庆华:《生态文明与社会主义》,《思想战线》2012 年第 1 期。
[40] 万希平:《从技术理性批判到社会制度批判——兼论西方生态马克思主义转换批判主题的逻辑意蕴》,《理论探讨》2009 年第 1 期。
[41] 陈永森、朱武雄:《福斯特对生态帝国主义的批判及其启示》,《科学社会主义》2009 年第 1 期。
[42] 陈永森:《人的解放与自然的解放——克沃尔对生态社会主义的预想》,《福建师范大学学报》(哲学社会科学版)2012 年第 2 期。
[43] 陈永森:《克沃尔对资本反生态本性的思考》,《国外社会科学》2010 年第 6 期。
[44] 高利民:《马克思资本批判视域中的人与自然》,《马克思主义与现实》2009 年第 4 期。
[45] 阎孟伟:《生态问题的政治哲学研究》,《南开学报》(哲学社会科学版)2010 年第 3 期。
[46] 张雄、速继明:《时间维度与资本逻辑的勾连》,《学术月刊》2006 年第 10 期。
[47] 黄炎平:《阿兰·奈斯论深层生态学》,《现代哲学》2002 年第 2 期。
[48] 朱洪革、蒋敏元:《国外自然资本研究综述》,《外国经济与管理》2006 年第 2 期。
[49] 邵腾:《论社会主义占有资本文明的问题》,《天津社会科学》2004 年第 5 期。

[50] 张艳涛:《资本逻辑与生活逻辑——对资本的哲学批判》,《重庆社会科学》2006年第6期。
[51] 宋黔晖、黄力之:《“以人为本”:社会主义发展模式对资本逻辑的超越》,《上海行政学院学报》2012年第1期。
[52] 李重:《从资本逻辑到生命逻辑:重新解读马克思的人类解放理论》,《云南社会科学》2011年第3期。
[53] 汪帮琼:《财富的历史性本质与人的全面发展》,《理论界》2004年第6期。
[54] 任平:《资本全球化与马克思——马克思哲学的出场语境与本真意义》,《哲学研究》2002年第12期。
[55] 赫曦滢、赵海月:《大卫·哈维:全球空间生产的资本逻辑再认识》,《兰州学刊》2011年第12期。
[56] 孙承叔:《资本与现代性——马克思的回答》,《上海财经大学学报》2006年第4期。
[57] 孙承叔:《关于资本的哲学思考——读〈1857—1858年经济学手稿〉》,《东南学术》2005年第2期。
[58] 胡建:《立足于资本逻辑的社会主义——对中国初级阶段的社会主义之再认识》,《浙江社会科学》2010年第7期。
[59] 李谧、唐伟:《风险社会渊薮的资本逻辑考察》,《前沿》2010年第2期。
[60] 贾丽民:《马克思对资本逻辑的现实批判与超越》,《学习与探索》2011年第3期。
[61] 徐水华:《论资本逻辑与资本的反生态性》,《科学技术哲学研究》2010年第6期。
[62] 莫放春:《国外学者对〈资本论〉生态思想的研究》,《马克思主义研究》2011年第1期。
[63] 庄友刚:《创造与僭越:资本的现世价值与历史逻辑》,《江海学刊》2009年第6期。
[64] 许婕:《生态社会主义视阈下的马克思主义政治经济学重构》,《前沿》2011年第12期。

[65] 陈培永:《论生态马克思主义生态正义论的建构》,《华中科技大学学报》(社会科学版)30—34。
[66] 张时佳:《生态马克思主义刍议》,《中共中央党校学报》2009 年第 2 期。
[67] 张剑:《生态殖民主义批判》,《马克思主义研究》2009 年第 3 期。
[68] 贾礼伟:《超越虚妄与浪漫:马克思生态伦理观之于生态文明建设的现实意义》,《求实》2011 年第 4 期。
[69] 崔永杰:《资本主义制度是生态危机的真正根源——佩珀生态社会主义理论探析》,《东岳论丛》2009 年第 1 期。
[70] 胡敏中、肖祥敏:《"以人为本"的三重历史内涵》,《学习与探索》2012 年第 8 期。
[71] 杨楹:《论"以人为本"的解放旨归》,《马克思主义与现实》2008 年第 2 期。
[72] 陈宝:《资本逻辑的深层内涵与人的悖论式生存》,《山西高等学校社会科学学报》2012 年第 4 期。
[73] 黄锡富:《论资本逻辑与人的全面发展的关系》,《改革与战略》2012 年第 5 期。
[74] 卢风:《"资本的逻辑":看透与限制——生态价值观与生产、生活的渐进革命》,《绿叶》2008 年第 6 期。
[75] 王若宇、冯颜利:《从经济理性到生态理性:生态文明建设的理念创新》,《自然辩证法研究》2011 年第 7 期。
[76] 鲁品越、骆祖望:《资本与现代性的生成》,《中国社会科学》2005 年第 3 期。
[77] 王圣祯、穆艳杰:《资本逻辑的生态道德批判与重构——福斯特的马克思主义生态道德观探析》,《北方论丛》2012 年第 5 期。
[78] 刘仁胜:《马克思和恩格斯与生态学》,《马克思主义与现实》2007 年第 3 期。
[79] 何萍:《生态马克思主义的理论困境与出路》,《国外社会科学》2010 年第 1 期。

[80] 吴宁、冯旺舟:《生态马克思主义视野中的资本和市场》,《江海学刊》2012 年第 2 期。

[81] 李垣、马得林:《生态社会主义:全球生态危机的解决方案——从〈生态社会主义宣言〉谈起》,《理论月刊》2012 年第 8 期。

[82] 贺善侃:《资本文明的伦理评价》,《上海师范大学学报》(哲学社会科学版)2007 年第 3 期。

[83] 汤建龙:《安德瑞·高兹哲学思想研究评述》,《哲学动态》2007 年第 7 期。

[84] 孙道进:《环境伦理学的方法论困境及其症结》,《安徽大学学报》(哲学社会科学版)2007 年第 1 期。

[85] 田坤:《从异化劳动到生态危机:生态马克思主义的资本批判逻辑》,《社会科学辑刊》2012 年第 4 期。

[86] 田坤:《社会正义——生态社会主义的主要维度》,《兰州学刊》2012 年第 6 期。

[87] 刘晓芳:《生态社会主义对生态危机的现代阐释及其现实意义》,《学术交流》2010 年第 2 期。

[88] 毛勒堂、张健:《资本逻辑与人地危机》,《云南师范大学学报》(哲学社会科学版)2009 年第 4 期。

[89] 初秀英:《马克思自然观的以人为本与生态取向》,《理论学刊》2007 年第 4 期。

[90] 李蕙岚:《科尔曼生态政治学的历史解释维度》,《马克思主义与现实》2012 年第 1 期。

[91] [德] 贝克:《风险社会与中国——与德国社会学家乌尔里希·贝克的对话》,邓正来、沈国麟译,《社会学研究》2010 年第 5 期。

[92] [美] 乔尔·科维尔:《马克思与生态学》,武烜等译,《马克思主义与现实》2011 年第 5 期。

[93] [美] 乔尔·科威尔:《生态社会主义、全球公正与气候变化》,宾建成、阎立建译,《马克思主义与现实》2009 年第 5 期。

[94] [美] 约翰·贝拉米·福斯特:《生态马克思主义政治经济学——从自由资本主义到垄断阶段的发展》,张峰译,《马克思

主义研究》2012 年第 5 期。

[95] [美] 约翰·贝拉米·福斯特、布莱特·克拉克:《财富的悖论:资本主义与生态破坏》,张永红译,《马克思主义与现实》2011 年第 2 期。

[96] [美] 约翰·贝拉米·福斯特,布莱特·克拉克:《星球危机》,张永红译,《国外理论动态》2013 年第 5 期。

[97] [美] 约翰·贝拉米·福斯特:《资本主义与生态环境的破坏》,董金玉译,《国外理论动态》2008 年第 6 期。

[98] [美] 约翰·贝拉米·福斯特:《失败的制度:资本主义全球化的世界危机及其对中国的影响》,吴娓、刘帅译,《马克思主义与现实》2009 年第 3 期。

[99] [美] J. 克拉克:《马克思关于"自然是人的无机的身体"之命题》,黄炎平译,《哲学译丛》1998 年第 4 期。

[100] [美] 克利福德·柯布:《诊断和矫正资本主义的致命缺陷:对中国的若干启示》,刘志礼译,《马克思主义与现实》2011 年第 2 期。

[101] [英] 戴维·佩珀:《生态乌托邦主义:张力、悖论和矛盾》,张淑兰译,《马克主义与现实》2006 年第 2 期。

[102] [法] 米夏埃尔·洛维:《资本逻辑与生态斗争——评福斯特新著〈生态革命:与地球言归于好〉》,孙海洋译,《国外社会科学》2012 年第 5 期。

[103] [美] Fred Magdoff. Harmony and Ecological Civilization: Beyond the Capitalist Alienation of Nature [J]. *monthlyreview*, 2012, Volume 64, Issue 02 (June).

[104] [美] Samar Bagchi, John Bellamy Foster and Fred Magdoff. Marx and Engels and "Small Is Beautiful" [J]. *monthlyreview*, 2012, Volume 63, Issue 09 (February).

[105] [美] John Bellamy Foster. Marx and the Rift in the Universal Metabolism of Nature [J]. *monthlyreview*, 2013, Volume 65, Issue 07 (December).

致　谢

呈现在大家面前的这部拙著是我在博士论文的基础上稍作修改而成。因琐事羁绊，时间仓促，自知还有许多待完善的地方，只能勉强算作是对本人近几年学术思考的一个阶段性总结。

我在想，我该以怎样的文字来诉说此刻的心情。江南的桂花仍有余香，北国的暖气却已开启，师大乐育路行道上的乌鸦也将如期而至了吧？也许自己是一个性情中人。说白了，就是一个比较感性的人。“三十功名尘与土，八千里路云和月”。这些年来，无论是在学海泛舟，还是与学生互动，抑或是结交朋友，我都凭着自己的真性真情而为，始终怀着一颗真诚而感恩的心。

正因为自己是一个性情中人，对事对人均趋于感性，如是，有了些许的风花雪月，有了一点假文人的牢骚情怀，亦有了对自然山水的诗意感知，当然也就有了这些姑且可以称之为学术研究的东西。于是，坚守着那片童真，保存着那份幼稚，用清亮的眼睛看待世间万物，望到的只有蓝天白云，芳草萋萋；想到的只是艳阳高照，风清月明。于是，将所学专业拴上风筝的翅膀，去爱，去恨，泪洒黄昏；把痛苦的记忆，甜蜜的惆怅放飞于时光的隧道，去静静的回味。于是，为了那个梦想，难耐悸动之心，热血沸腾；为了那片光明，不惜飞蛾扑火，涅槃重生。或得或失，或喜或忧，感慨万千。

当然，其实更多的是一份份感谢，感谢命运让我遇见了你们所有人缘来如此：衷心感谢北京大学郇庆治教授提携晚生，虽只有一面之缘却欣然为我拨冗作序。郇教授不仅给我以莫大的鼓励，更指明了我研究的现有不足及未来着力的方向，令我如沐春风、茅塞顿开。祝愿郇教授和人民大学张云飞教授、复旦大学陈学明教授、苏州大学方世南教授、中南财大王雨辰教授领衔的“中国社会主义生态文明研究小组”对推进我国生态文明的理论与实践研究做出更大贡献。

命运很奇妙，成为师生即是缘。因缘先后师从寇东亮教授、崔新建教授，他们的和蔼宽谅“纵容”着我的慵懒散漫，令我倍感愧疚；因缘际遇胡敏中教授，两周一次的读书会是最惬意欢畅的时刻，胡老师不仅在学业上给我中肯的指导，更在生活上视我如孩子般呵护，令我感念在心；因缘承蒙杨耕教授、吴向东教授、张曙光教授以及沈湘平教授的悉心教诲，让我在自由的“散养模式”中受益匪浅，令我经久难忘；因缘在毕业论文答辩时聆听北京大学丰子义教授、中国人民大学马俊峰教授的评审意见，他们给予的充分肯定和宝贵建议，令我受宠若惊。

命运很奇妙，成为同窗是种缘。零碎记忆拼凑成的时光是无法磨灭的，掩卷静思，那些熟悉的身影立马浮现：不会忘记在毕业论文写作的那四个月里几乎每晚都和舍友刘溪在校园散步，聊天让我在紧张之余感受到少有的轻松，让我在写论文的焦虑中未言放弃；不会忘记同张宗岱、李敬峰、赵小军、王振和薛晋锡这些挚友们在学校相伴度过的三个生日，让求学在外的日子也有诸多的温馨与感动；不会忘记和朋友们相处时的那些欢乐，打乒乓球斗地主，谈人生聊理想，调侃当下，憧憬未来，一切都是那么美好……这些记忆于我弥足珍贵。庆幸自己身边有这么多德才兼备的伙伴，给我欢笑、让我自省，前路或不与共，且行且珍惜。

命运很奇妙，成为同事亦是缘。博士毕业后，我来到江南大学马克思主义学院工作。感谢领导和同事的关爱：刘焕明处长、张云霞院长、徐玉生副院长、章兴鸣副院长不仅是我工作上的领导，更是我学术上的师长；鞠连和教授、陈绪新教授、贾淑品教授、申端锋教授、陈永杰教授、潘加军副教授、侯勇副教授、刘俊杰副教授、唐忠宝副教授、任铃副教授、任俊副教授、孙越副教授、包佳道副教授等不仅是启发了我的思想，更激励着我不断进取。正因为有了同仁们的支持鼓励和项目出版经费的资助，才使我鼓起勇气，不揣浅陋，将这篇很不成熟的博士论文付梓。但愿以后能有机会修订完善，在此恳请读者多提批评意见。

命运很奇妙，成就骨肉亲情更是缘。感谢我的家人对我一如既往的理解、惦念与爱护，父母对我选择的坚定认同、对我任性的包容引导是我人生路上享用不尽的财富。正因为有了父母及亲友的无私奉献和鼎力支持，供养我到几近而立之年，才使我在漫长的求学生涯中无后顾之忧，惭愧和感恩之情溢于言表，无以为报。

“盛年不重来，一日难再晨。及时当勉励，岁月不待人。”谨以此句纪念自己近些年的历练与成长，也勉励自己不忘初心，见贤思齐，成长为更美好的自己。日后我会继续以各位师长为榜样，努力践行母校校训“学为人师，行为世范”，在学术研究和教书育人上孜孜不倦。我坚信：念念不忘，必有回响……

2014 年 5 月初稿于北京师范大学学四楼

2016 年 11 月定稿于江南大学青教公寓七号楼